Aprendre ciències a l'educació primària

Jordi Martí

GRAÓ

Biblioteca de Guix | 184

Biblioteca de Guix
Sèrie Didàctica de les ciències experimentals

1a edició: abril 2012
2a reimpressió: febrer 2022
ISBN: 978-84-9980-415-6
DL: B-11.985-2012

Disseny de coberta: Xavier Aguiló
Impressió: Podiprint

Índex

Presentació

Aprendre ciències no és fàcil. Tots els mestres en tenen l'experiència, com a promotors de l'aprenentatge científic dels infants, però també com a aprenents de ciències al llarg de la seva escolaritat. Què és el que fa difícil aprendre ciències? Hi ha molts factors que hi intervenen, però en volem destacar els de caràcter cognitiu, que han estat molt estudiats durant els darrers vint anys, tant des de la psicologia del desenvolupament cognitiu, com des de la didàctica de les ciències.

Com a formador de mestres, sempre m'ha cridat l'atenció el desconeixement generalitzat de les aportacions recents que les disciplines anteriorment citades han fet al problema de l'aprenentatge de les ciències. En bona part, la raó és deguda al fet que la immensa quantitat d'articles i de llibres disponibles normalment es dirigeix només a la pròpia comunitat investigadora i, per tant, està molt poc a l'abast dels mestres i les mestres que treballen a l'aula. En conjunt, es tracta d'aportacions que són producte de la investigació sistemàtica i que tenen conseqüències directes en el treball a l'aula.

Per això el propòsit principal d'aquest llibre és actuar de tornaveu. De manera que, al llarg de les seves pàgines, ens fem ressò de les aportacions que hem considerat més noves i rellevants en relació amb l'aprenentatge de les ciències per part dels nens i les nenes. El llibre, per tant, pretén contribuir a actualitzar el coneixement didàctic del professorat de primària.

Anette Karmiloff-Smith i Bärbel Inhelder (1981), dues col·laboradores de Piaget, van publicar, ja fa molts anys, un article que, referint-se a la naturalesa teòrica del coneixement infantil, es titulava «Si vols fer passos endavant, et cal disposar d'una bona teoria». Molt sovint, els mestres pensen que el que més falta els fa és saber com poden fer les coses, com les han de portar a la pràctica, que, en últim terme, és el que veritablement importa. Tenen raó, però també és important adonar-se que no hi ha cap pràctica sense una teoria que la sostingui i que la pràctica que es porta a terme sempre es basa en algun o altre marc teòric, encara que sigui implícit. Diem això perquè aquest llibre és, bàsicament, un «llibre de teoria», tot i que, evidentment, també conté exemples que il·lustren els plantejaments teòrics i planteja orientacions per actuar a l'aula.

Volem transmetre una nova visió sobre les possibilitats (i les dificultats) que tenen els nens i les nenes de primària d'aprendre ciències. Aquesta nova visió ens hauria de permetre adoptar criteris nous per definir finalitats, seleccionar continguts, escollir enfocaments metodològics, avaluar, etc.

Al primer capítol (p. 9-34), aprofitant les grans finalitats de l'ensenyament de les ciències com a marc estructurador, s'hi fa un repàs a diverses aportacions que, històricament, han contribuït d'una manera molt significativa a configurar la ciència a l'escola. No pretenem fer-ne un repàs històric exhaustiu, i per això molts lectors hi poden detectar algunes mancances. El que pretenem és mostrar que tot té una història, i l'ensenyament de les ciències a l'escola primària també té la seva. Conèixer-la, ni que en siguin els trets més generals, ens hauria d'ajudar a contextualitzar millor la situació amb què ens trobem avui dia.

Actualment, hi ha un ampli consens a considerar la necessitat de desenvolupar la competència científica com a finalitat principal de l'ensenyament de les ciències, i també existeix un ampli acord a l'hora de considerar que aquest desenvolupament s'assolirà millor usant estratègies d'ensenyament de les ciències basades en la investigació científica de l'alumnat. Per això el gruix del llibre el dediquem a desenvolupar el lema «Aprendre a investigar i investigar per comprendre», que creiem que recull l'essència de molts dels plantejaments actuals en didàctica de les ciències.

Perquè un nen o una nena pugui investigar científicament, cal que n'aprengui (i que algú n'hi ensenyi). Per això dediquem el segon capítol (p. 35-95) a la idea d'«aprendre a investigar». Hi exposem una manera operativa d'entendre l'activitat científica que pot ser útil a l'hora de dissenyar les tasques que dirigim als nens i nenes, i en descrivim més detingudament els elements principals: fer-se preguntes, generar dades a través de l'observació i l'experimentació, establir fets, generar idees i models teòrics i usarlos per explicar.

Aprendre a investigar és important, però, des del nostre punt de vista, la investigació escolar només té sentit si condueix progressivament els infants a aprendre la part més valuosa de l'activitat científica, que són els seus productes, és a dir, els coneixements i les formes específiques que té de raonar, el que darrerament s'ha anomenat «grans idees de la ciència» (*big ideas*) (National Research Council, 2011). Així doncs, dediquem els dos últims capítols a la idea d'«investigar per comprendre». Al capítol 3 (p. 97-124), fem un repàs general a les aportacions recents de la psicologia cognitiva en relació amb la importància de l'aprenentatge en dominis específics, amb la caracterització del coneixement infantil com a teories implícites i amb els nens com a pensadors teòrics, com també amb els mecanismes de canvi conceptual com a via per a l'evolució del coneixement intuïtiu dels infants. El capítol 4 (p. 125-141) el dediquem a exposar de manera resumida les evidències que s'han anat recollint al llarg dels darrers anys sobre el coneixement intuïtiu dels nens i nenes en dos grans àmbits: els éssers vius i la matèria.

Un cop presentats l'objectiu i l'estructura del llibre, només ens queden els agraïments. En primer lloc, voldria agrair a totes i tots els estudiants de magisteri, i a totes i tots els mestres amb qui he ensenyat, he compartit i he après sobre les ciències a l'escola primària. A la Cinta Vidal i a la Maruja Caruncho, de Graó, per haver-me ofert la possibilitat d'escriure aquest llibre. A la Rosa Maria Pujol, la Mercè Izquierdo i la Neus Sanmartí, que considero les meves Mestres (en majúscules) en el món de la didàctica de les ciències. Als meus companys de la Universitat de Vic, amb qui hem discutit moltes vegades (i ho continuem fent) sobre l'ensenyament de les ciències i sobre la formació dels mestres de primària; molt especialment a la Isabel Jiménez, que va tenir la paciència de llegir-se un primer esborrany del llibre. També a la Carme Albaladejo i a l'Olga Schaaff, pels seus encertats comentaris, encara que no els he fet cas en tot. Finalment, i sobretot, a la meva companya Clara i al nostre fill Roger, que m'han concedit el temps per pensar i per escriure.

1

Finalitats de l'ensenyament de les ciències a l'escola primària. Un recorregut històric breu

Abans de començar, pensem-hi una estona...

- Per a què ha de servir aprendre ciències?
- Quines ciències han d'aprendre els nens i nenes a primària?

L'ensenyament de les ciències[1] a l'educació primària ha recorregut un llarg camí, l'inici del qual el podem situar cap a meitats del segle XIX a països com ara el Regne Unit, els Estats Units o França (Boyer, 2006; DeBoer, 1991; Layton, 1973). Al nostre país, també hi és present durant el segle XIX, però no és fins al 1901, amb les anomenades *Nociones de ciencias físicas y naturales* (Bernal, 2001), que la ciència entra oficialment a formar part del currículum de tots els nivells de l'educació primària i per a tota la població escolar –nens i nenes.

Aquesta llarga trajectòria s'ha bastit amb les aportacions de la pedagogia i la psicologia, articulades a través de la didàctica de les ciències, i ha suposat un vaivé entre les finalitats perseguides, la realitat de les aules,

1. En aquest capítol, hi usem l'expressió «ensenyament de les ciències» com un terme genèric que inclou tot tipus de propostes orientades a introduir o ampliar el coneixement dels infants sobre els objectes i els fenòmens naturals.

l'evolució de les concepcions sobre la ciència i la investigació sobre els processos d'ensenyament i aprenentatge.

Aquest primer capítol el centrem en les finalitats que s'han atribuït a l'ensenyament de les ciències al llarg del temps, la qual cosa ens permetrà entreveure com han anat canviant les propostes sobre continguts, estratègies metodològiques, materials, etc. Tot plegat ens ha de poder servir per contextualitzar millor la situació i els plantejaments que avui dia són més destacats.

Les disciplines escolars són fruit d'un procés de construcció social i s'incorporen al currículum perquè, en un moment determinat, es pensa que produiran certs resultats que es consideren desitjables, ja sigui a nivell individual o a nivell social (DeBoer, 1991). En aquest sentit, per a l'ensenyament de les ciències, s'han proposat diverses finalitats generals al llarg del temps que no solen ser incompatibles entre elles. Les més significatives han estat: el desenvolupament de les facultats cognitives generals dels nens i nenes, l'adquisició dels coneixements i dels mètodes de la ciència, i el desenvolupament de la competència científica.

Desenvolupar les facultats cognitives generals dels infants

El desenvolupament de les facultats cognitives generals dels infants és, sens dubte, la finalitat més antiga que s'ha utilitzat per justificar la presència de les ciències a l'escola primària. Podem considerar que ha tingut dos moments destacats: a l'inici de l'ensenyament de les ciències, amb les anomenades *lliçons de coses*, i cap a les dècades de 1960 i 1970, amb la influència de l'obra de Piaget.

Les lliçons de coses

Els historiadors del currículum situen l'inici de l'ensenyament de les ciències a l'escola primària en les anomenades *lliçons de coses* (Bernal, 2001; Boyer, 2006; DeBoer, 1991). Les lliçons de coses tenen el referent pedagògic immediat en el principi de l'educació intuïtiva de Pestalozzi (1986). Des d'aquest principi, s'assumeix que el coneixement s'inicia amb la intuïció sensible de les coses i és a partir d'aquí que es formen les idees. Així doncs, la percepció directa dels objectes reals és per a Pestalozzi un element fonamental dels processos de coneixement, perquè és a través dels sentits que es fa possible la intuïció: «En tant que ésser viu i físic, no ets res més que els teus cinc sentits; conseqüentment, la claredat o la foscor dels teus conceptes ha de procedir, absolutament i essencialment, de la proximitat o de la llunyania amb què tots els objectes exteriors afecten aquests cinc sentits» (Pestalozzi, 1986, p. 90). Hereu de les idees de Rousseau, Pestalozzi situava el desenvolupament dels infants al centre del seu projecte pedagògic i considerava que llur desenvolupament sensorial, intel·lectual i moral, havia de seguir el curs evolutiu de la seva naturalesa, de manera que l'educació no podia avançar sense tenir-lo en compte.

El mètode d'ensenyament pestalozzià es desenvolupava «ensenyant els nens a observar cada objecte de què hagin arribat a tenir consciència com a unitat, és a dir, separat d'aquells amb els que sembla que estigui lligat». Justament de la importància que la pedagogia pestalozziana atorgava a la presència i al contacte amb els objectes en van derivar les *lliçons de coses*, que van tenir molta influència al llarg de tot el segle XIX i principis del XX.

Les primeres obres referides a lliçons de coses van aparèixer a la dècada de 1830. En sobresurt el llibre dels germans Elizabeth i Charles Mayo, titulat *Lessons on objects, as given to children between the ages of six and eight, in a pestalozzian school, at Cheam, Surrey*, editat per primera vegada a Anglaterra l'any 1831, reeditat moltes vegades i traduït a diversos idiomes, entre els quals hi ha el castellà.[2]

Segons aquests autors, la intenció general de les lliçons de coses era «conduir els infants a observar amb atenció els objectes que els envolten, per després descriure acuradament les impressions que aquests els han transmès» (Mayo i Mayo, 1851, p. 1). Els autors insistien en el fet que els mestres no havien de cometre l'error de donar massa informació, perquè això feia mantenir la ment dels alumnes en una actitud passiva en un moment en què, per contra, els nens i les nenes havien d'anar millorant el seu poder mental tot exercitant les pròpies facultats. Igualment, consideraven un error donar un nom abans que l'infant el demanés o abans que la idea d'una qualitat determinada es formés a la ment de l'escolar. Per això recomanaven «començar pels sentits i no explicar mai el que el propi alumne pot descobrir per ell mateix» (Mayo i Mayo, 1851). D'aquestes orientacions, se'n desprenen clarament certes assumpcions psicològiques sobre com es

2. En una traducció feta a Madrid l'any 1849 amb el títol *Lecciones sobre objetos destinadas a los niños de 5 a 8 años por Charles Mayo. Traducidas del original inglés.* Tant l'original anglès com la traducció al castellà es poden descarregar lliurement a la xarxa.

produeix el procés d'aprenentatge, que, en aquest cas, s'aproxima clarament a les concepcions empiristes segons les quals el coneixement prové directament dels sentits, sense pràcticament cap mena de construcció interna.

Els primers manuals de lliçons de coses eren publicacions destinades als mestres i s'organitzaven en sèries graduals que agrupaven un conjunt de lliçons. Cada sèrie incloïa un conjunt d'objectes seleccionats amb la finalitat d'exercitar les diferents facultats dels nens i nenes d'acord amb el que, a l'època, es considerava el seu procés natural de desenvolupament intel·lectual. Així, les primeres sèries exercitaven les facultats perceptives, fixant l'atenció en les qualitats dels objectes que es podien percebre a través dels sentits i aportant, posteriorment, el vocabulari adequat per expressar-les. Les sèries següents es destinaven a buscar similituds i diferències i a fer comparacions i descobrir analogies, de manera que es cultivessin les facultats d'ordenació i classificació. Les darreres sèries pretenien activar el raonament i el judici, que ajudaven a descobrir les relacions de causa-efecte i donaven molta importància a l'expressió oral i escrita.

Alguns exemples de coses que apareixien a les diferents sèries són: vidre, cuir, sucre, llana, esponja, llet, arròs, sal, llapis, cadira, llibre, poma, mel, pedra, oli, paper, cotó, porcellana, coure i ferro. Com es pot veure, es tracta d'un conjunt ben heterogeni de coses, atès que la finalitat prioritària no era conèixer l'objecte en ell mateix, sinó el desenvolupament intel·lectual dels infants. En aquest sentit, Calkins, l'any 1890, afirmava: «[les lliçons de coses] tenen per propòsit el desenvolupament complet de totes les facultats del nen i l'ús adequat en l'adquisició de coneixement [...]. El seu propòsit no és aprendre fets [...] sinó el desenvolupament, mitjançant l'acció vigorosa i saludable, de les capacitats del nen per obtenir i gestionar el coneixement [...]. No importa quines coses s'utilitzen per ensenyar, ni tampoc què se n'ensenya, sinó els principis amb els quals es porta a terme l'ensenyament, el propòsit i la manera d'ensenyar» (citat a Barberà, 2004, p. 365). Així doncs, en els models primerencs d'ensenyament de les ciències, el coneixement del món, que és l'objectiu prioritari de la ciència experta,[3] només és un objectiu subsidiari.

A Espanya, les lliçons de coses també van tenir èxit (Escolano, 1997). Es van fer moltes traduccions de les obres dirigides als mestres, entre les quals

3. Al llarg de tot el llibre, usarem el terme *ciència experta* per referir-nos a la ciència dels científics i així distingir-la de la ciència que es fa a l'escola.

trobem els llibres de Mayo (1851) i de Sheldon (1862).[4] A més, les lliçons de coses també van formar part de les propostes metodològiques de diversos pedagogs espanyols de finals del segle XIX i principis del XX, com ara Pedro de Alcántara García, que, el 1881, va publicar *Educación intuitiva y lecciones de cosas.*

En un llibre posterior, *Compendio de pedagogía teórico-práctica* (1891),[5] aquest pedagog hi descriu les finalitats de l'ensenyament de les ciències i hi diu: «efectivament: pel que les ciències naturals tenen d'observació sensible, contribueixen molt a desenvolupar els sentits, atès que donen l'hàbit de veure-hi bé i amb exactitud; per la seva índole, no desenvolupen pas menys l'esperit d'observació, considerat el millor dels professors, i amb tot això, exerciten i conreen el judici i el raonament, alhora que estimulen la imaginació per les meravelles que ens descobreixen. Pel que tenen de ciències de classificació, exerciten la intel·ligència en comparar, trobar analogies i establir diferències, amb la qual cosa serveixen de gimnàstica al judici, al raonament i a la reflexió, i atorguen a l'esperit hàbits d'ordre». Com es pot veure, no es fa cap referència a la construcció específica de coneixements conceptuals.

Gràcies a la defensa que Pedro de Alcántara i altres pedagogs influents del tombant de segle van fer de les lliçons de coses com a mètode d'ensenyament, durant el primer terç del segle XX, es van publicar a Espanya molts llibres sobre aquesta temàtica. Tot i això, de mica en mica, els llibres publicats ja no responien a les finalitats inicials de les obres pioneres. En lloc de servir de suport i d'orientació als mestres, es tractava de llibres de lectura per als alumnes –com ara, per exemple, el de Joaquim Pla i Cargol titulat *Otras lecciones de cosas (lecturas científicas)*, editat a Girona l'any 1914–, que només compartien amb els primers manuals de lliçons de coses la conversa que es proposava a l'acabament de cada capítol i la informació per als mestres que apareixia al final del llibre (quadre 1). A diferència dels llibres inicials, aquests altres cada vegada incorporaven més il·lustracions i, progressivament, es van anar convertint en llibres de curiositats i d'informació.

---

4. L'obra original de Sheldon és *A manual of elementary instruction, containing a graduate course of object lessons for training the senses and developing the faculties of children*, disponible a la web *www.archive.org/details/manualofelementa00shel*, de la Biblioteca del Congrés dels Estats Units.
5. Aquestes dues obres de Pedro de Alcántara són disponibles a la web *www.cervantesvirtual.com/*, de la Biblioteca Virtual Miguel de Cervantes.

Això va provocar que les lliçons de coses, com a metodologia de treball a l'aula, anessin acumulant crítiques i un cert descrèdit entre els ensenyants i els pedagogs renovadors. Així, el mestre català Lluís Alabart afirmava: «per tal com, mitjançant les lliçons de coses, ens proposem, en primer lloc, fer que els sentits s'exercitin, perquè transmetin fidelment de l'exterior aquelles impressions, base dels coneixements que han de formar l'ànima activa de l'infant, és natural que no seran aquestes lliçons de coses aquelles en què es prescindeixi de la intuïció, com passa per exemple quan es dóna una lliçó sobre l'hulla sense que l'infant tingui a la vista, per poder-lo observar, un fragment d'aquest producte. El mateix diem d'algunes obres de lectura per a l'escola primària, les quals, amb el títol de *lliçons de coses*, es proposen donar coneixements sobre objectes concrets tenint com a únic material algun gravat, la majoria de vegades, ben diferent de la realitat que es proposen representar». D'una manera contundent, afirmava: «tota lliçó de coses que es doni prescindint de l'objecte tangible, s'ha de rebutjar com a tal, en realitat no és una lliçó de coses, és una lliçó de paraules» (Alabart, 1926, p. 5-6).

També Rosa Sensat i Margarida Comas, dues grans mestres i pedagogues, van qüestionar les lliçons de coses. Sensat defensava el principi d'intuïció, però criticava la mecanització del mètode: «lliçó de coses en si no vol dir res més que una aplicació de l'ensenyament intuïtiu, l'acte de posar l'infant en presència de les coses per tal que les miri, les observi i en parli. Però per certs fenòmens de mecanització o rutina que malauradament s'ensenyoreixen de l'escola, han degenerat en uns exercicis d'anàlisi que condueixen a dir: la neu és blanca, freda, tova, etc.; el carbó és negre, sòlid, porós,

Quadre 1. Exemples de llibres de «lliçons de coses» editats a Espanya a principis del segle XX

combustible, útil..., i sempre igual per a tots els casos i totes les coses» (Sensat, 1996, p. 106).

Comas, d'altra banda, criticava la falta d'estructura lògica en les seleccions de coses que constituïen les lliçons, i ho manifestava en un article publicat l'any 1925 a la *Revista de Pedagogía*: «[el *nature study*] no s'assembla a les antigues lliçons de coses, malgrat en sigui el seu successor, ja que aquestes es refereixen tant a fenòmens naturals, com a artificials, i tenen com a diferència capital la manca de relació entre els diferents temes, una lliçó sobre glaceres pot anar a continuació d'una altra referent a la gallina, i es conformen sovint amb la imatge de l'objecte enlloc del propi objecte» (citat a Bernal i Comas, 2001). A diferència de Sensat, Comas no defensava explícitament el principi de la intuïció i proposava un enfocament metodològic ben diferent, basat en la investigació dels alumnes i més orientat a promoure l'adquisició de les maneres de raonar de la ciència (Comas, 1937).

Crítiques d'aquest estil, en què es qüestiona una aplicació poc rigorosa dels elements bàsics de la metodologia de les lliçons de coses, també es van donar en altres països. Com es pot veure, ja de bon començament, hi ha hagut una certa dissonància entre els plantejaments teòrics sobre l'ensenyament de les ciències i llur traducció en l'elaboració de materials curriculars, que encara avui dia es manté (National Research Council, 2007). Potser per això el recentment publicat informe *ENCIENDE*, editat per la Confederació de Societats Científiques d'Espanya, recomana: «promoure el desenvolupament de materials didàctics innovadors per a l'ensenyament de les ciències [a l'educació primària]» (COSCE, 2011, p. 68). Sens dubte, és un aspecte sobre el qual caldria prestar més atenció, atès que els materials curriculars tenen un paper molt important, encara que sovint implícit, en la formació i l'actuació dels mestres (Davis i Krajcik, 2005).

La influència de l'obra de Piaget en l'ensenyament de les ciències

L'atenció al desenvolupament de les facultats cognitives generals dels infants ha estat una constant des dels plantejaments inicials de les lliçons de coses.

Al llarg del segle xx, els models psicològics sobre l'aprenentatge han esdevingut elements de referència decisius en l'establiment de les pràctiques escolars, especialment a l'educació primària, perquè proporcionen els marcs interpretatius que permeten analitzar els processos de construcció de coneixement, i encara que no prescriuen com cal ensenyar, se'n poden derivar principis didàctics per orientar la pràctica educativa. En aquest sentit, Piaget afirmava: «Cal que el mestre, a més de conèixer la seva ciència, estigui informat ben de la vora sobre el detall del desenvolupament psicològic de la intel·ligència infantil o adolescent», i hi afegia: «Cal esperar una col·laboració molt més íntima que no fou antigament entre la recerca psicològica fonamental i l'experimentació pedagògica metòdica» (Piaget, 1985).

A la dècada dels seixanta, la presència de la ciència a l'escola primària estava plenament consolidada arreu, però les primeres avaluacions de resultats van permetre observar que el nivell d'aprenentatge no es podia considerar idoni (Osborne i Simon, 1996). Aquesta situació va coincidir amb un moment de gran influència a tot el món de les teories de Piaget a la pràctica escolar.

Una de les aportacions més significatives de Piaget va ser la descripció de diversos estadis en el procés de desenvolupament cognitiu dels infants. Cada estadi es caracteritza per una estructura cognitiva general que afecta totes les formes de pensament durant aquell estadi i és independent dels coneixements específics, de manera que cada estadi representa la manera de comprendre la realitat d'un individu durant un cert període. Així doncs, el desenvolupament cognitiu seria un procés de caràcter general, que es dóna independentment dels continguts específics i que es correspondria amb el pas d'un estadi a un altre, és a dir, d'una estructura cognitiva general a una altra. Bona part de les habilitats que es consideren pròpies del pensament científic pertanyerien, segons el model de Piaget, a l'estadi de les operacions formals, la qual cosa conduí a pensar que el pensament científic, si més no en el nivell més elaborat, no era assequible a les capacitats dels nens i nenes d'educació primària.

En l'àmbit de l'ensenyament de les ciències, les aportacions de Piaget van servir de base per dissenyar diversos projectes curriculars per a l'educació infantil i primària (Kamii i de Vries, 1989).

La teoria piagetiana va exercir diverses influències en les maneres de concebre l'ensenyament de les ciències, tant a nivell de finalitats com de maneres d'ensenyar (Inagaki, 1992). En relació amb les finalitats, s'observa que les propostes curriculars d'inspiració piagetiana adopten com a objectiu central el progrés des dels estadis inicials cap als estadis posteriors de desenvolupament. Aquesta idea va conduir a menystenir la importància de la construcció conceptual i a no fer cas de la naturalesa ni de les característiques específiques del pensament científic infantil (vegeu el capítol 3).

La segona implicació dels plantejaments piagetians per a l'ensenyament de les ciències té a veure amb la manera d'ensenyar-les. En aquest sentit, es recull la idea que l'acció de l'alumnat és molt important per a la construcció del coneixement. Així doncs, s'adopta el principi de l'activitat de l'alumnat,[6] segons el qual cal que aquest actuï sobre els objectes i els manipuli, explori la realitat, es faci preguntes, elabori prediccions, compari els resultats de les seves accions, etc. Es tractaria, per tant, d'una activitat manipulativa i, alhora, intel·lectual, perquè el mateix Piaget considerava que actuar sobre els objectes sense una predicció prèvia no tenia cap valor educatiu. En defensa de l'activitat mental de l'infant en relació amb l'aprenentatge científic, Piaget afirmava, amb una certa ironia: «Es creu haver proporcionat una formació experimental suficient iniciant l'alumne als resultats d'experiències passades o fent l'espectacle d'experiències i demostracions fetes pel professor, com si s'aprengués a nedar mirant com neden els altres, mentre estem asseguts als bancs del moll» (Piaget, 1985).

Tanmateix, a la realitat de l'aula, aquestes idees s'han traduït sobretot en activitats que tenen un component més manipulatiu que mental, fent, per exemple, que els nens i nenes actuïn sobre els objectes (empènyer, fer rodar, bufar, etc.), observin les reaccions que tenen i així confirmin o refutin les pròpies prediccions elaborades prèviament. Sembla com si, en la pràctica d'aula, es mantingués de manera subjacent una concepció empirista de l'aprenentatge, segons la qual el coneixement es genera des dels sentits sense gaire conflicte i amb poca construcció interna.

Una de les crítiques principals a l'ús de la teoria dels estadis com a referent educatiu per a l'ensenyament de les ciències és que, sovint, s'ha agafat la idea d'estadi per centrar més l'atenció en el que se suposa que els infants no poden fer en una edat determinada, que no pas en el que sí que són capaços de fer en un context d'ensenyament-aprenentatge adequat (Metz, 1995; National Research Council, 2007).

La influència de l'obra de Piaget en l'ensenyament de les ciències començà a decaure a partir de la dècada de 1980, moment en què les aportacions dels anomenats *psicòlegs postpiagetians* (Inagaki, 1992) van començar a qüestionar alguns dels supòsits empírics i teòrics de la teoria

6. Aquest principi d'activitat ja era present en moltes de les propostes anteriors d'ensenyament de les ciències. La diferència, ara, és que la idea d'activitat és fonamentada en una manera de concebre els processos d'aprenentatge, el constructivisme, que pressuposa que el coneixement es construeix de manera mentalment activa.

piagetiana del desenvolupament. Aquest qüestionament ha ajudat a promoure l'aparició de models teòrics nous per a l'ensenyament de les ciències que, tot i assumir alguns dels principis piagetians, incorporen evidències noves i maneres noves d'interpretar els processos de desenvolupament. Sorgeixen conceptes nous, com ara: concepcions alternatives, teories implícites, canvi conceptual, coneixement intuïtiu, models, representacions mentals, etc. Com desenvoluparem al capítol 3 (p. 97), el gran canvi rau en el fet que el coneixement específic que tenen els nens i nenes es pren més seriosament, i també que es vincula l'aprenentatge a l'adquisició de coneixements en dominis específics, i no tant al desenvolupament d'estructures cognitives de caràcter general.

Adquirir els coneixements i els mètodes de la ciència

A mesura que la ciència esdevé una font de coneixement valorada per la societat i pels poders polítics i econòmics, se'n reivindica la presència a l'escola primària per ella mateixa. Es defensa la importància d'aprendre la ciència com una manera de generar coneixement mitjançant els mètodes que utilitza i també la importància de disposar d'un coneixement factual útil, ja sigui per al benestar personal (salut, higiene), per al futur econòmic i tecnològic de la societat en general (ajudant a promoure futures vocacions científiques) o, com en el *nature study*, pel plaer de comprendre la natura i gaudir-ne. Actualment també es defensa l'educació científica com un element clau de la vida en democràcia, en què moltes vegades caldrà opinar i actuar des del coneixement científic disponible (Morin, 2000; Pujol, 2003).

A més a més de tot això, també considerem important reivindicar l'adquisició de coneixement científic (mètodes, fets i models teòrics), simplement per satisfer el goig de comprendre (Wagensberg, 2007), perquè no podem oblidar que la voluntat de comprendre és un impuls molt humà i, justament, el desenvolupament de la ciència n'és un exemple. En última instància, la ciència no deixa de ser un component molt important de la nostra herència cultural que ha contribuït, i que contribueix encara, a configurar la cosmovisió que tenim.

Sigui com sigui, ja no es tracta del fet que els coneixements i els mètodes de la ciència tinguin un paper subsidiari, sinó que ocupin un lloc central. Com evolucionà aquesta idea?

En els subapartats següents analitzem el paper que van tenir els científics del segle XIX en la defensa de la incorporació de la ciència al currículum de l'escola primària, estudiem les fites més rellevants d'un debat antic sobre la dicotomia entre conceptes versus procediments, ens referim breument als plantejaments i a la influència del *nature study* i, finalment, exposem els orígens de la investigació de l'alumnat com a mètode de treball a l'aula.

Científics i educació científica

Els inicis de la reivindicació de la necessitat d'incorporar el coneixement i els mètodes de la ciència a l'escola primària els podem remuntar fins al segle XIX, gràcies a la defensa que en van fer alguns científics reconeguts de l'època, com ara Faraday, Huxley, Spencer o Agassiz.

Els historiadors de l'ensenyament de les ciències han assenyalat la importància que aleshores van tenir les reflexions i les accions d'aquests científics[7] (DeBoer, 1991; Layton, 1973), especialment les de Thomas Henry Huxley i Herbert Spencer, que van publicar assajos molt influents en relació amb l'educació científica (Huxley, 1968; Spencer, 1989), on proposaven un doble objectiu per a l'ensenyament científic: l'adquisició de coneixements útils i pràctics, i el desenvolupament de les facultats intel·lectuals més estretament relacionades amb el raonament científic.

Huxley considerava que, amb el sol fet que la ciència hagués contribuït enormement a fer comprendre el món, n'hi havia prou per justificar-ne la presència als currículums escolars. Tot i això, també remarcava la dimensió pràctica i més directament utilitària del coneixement científic, de manera que aprendre biologia havia de servir per conèixer millor el propi cos i, d'aquesta manera, poder tenir més cura de la salut. En relació amb el desenvolupament intel·lectual, assenyalava que la ciència, i no pas uns altres estudis, permetia promoure millor algunes capacitats, sobretot les relacionades amb l'observació i la inducció.[8] Huxley afirmava: «La gran singularitat de l'ensenyament científic, en virtut de la qual no pot ser reemplaçat per cap altra disciplina, és que posa la ment directament en contacte amb els fets i fa practicar l'intel·lecte en els processos d'inducció, és a dir, a treure con-

7. Faraday, per exemple, va organitzar, des del 1826, unes conferències dirigides a la divulgació científica entre el jovent. Algunes d'aquestes conferències van ser editades posteriorment, com ara la dedicada a la història química de les espelmes publicada recentment en castellà (Faraday, 2004).

clusions dels fets que han estat observats directament de la Natura» (Huxley, 1869, p. 126-127). L'èmfasi en l'estudi dels fenòmens reals també era defensat pel naturalista Louis Agassiz, que va proclamar la famosa sentència: «Study nature, not books!».

Spencer, a la seva obra *L'educació: intel·lectual, moral i física* (1989), proposava un ensenyament per a les primeres edats que havia de prioritzar l'observació, l'experimentació i, per tant, l'establiment de fets, perquè calia «deixar les abstraccions fins que la ment s'hagi familiaritzat amb els fets dels quals aquestes abstraccions s'extreuen» (Spencer, 1989, p. 63). Per això considerava que certs ensenyaments s'havien d'ajornar fins a un període posterior i calia reforçar les pràctiques pròpies dels infants més petits, entre les quals destacava «el conreu sistemàtic dels poders de l'observació [perquè] ara es reconeix com el procés d'adquisició d'un coneixement sobre el qual es basa tot el coneixement posterior» (Spencer, 1989). Per això calia començar per presentar fets concrets, en lloc de començar per presentar fets abstractes. Spencer, per tant, estava d'acord amb els qui afirmaven que la ment infantil està preparada a cada moment per unes coses i no per unes altres, de manera que la gran habilitat dels mestres havia de ser reconèixer què convenia i què era adequat per a cada moment: «Tant en l'ordre com en els mètodes, l'educació s'ha d'acomodar al procés natural de l'evolució mental; que les facultats es desenvolupen espontàniament segons una determinada seqüència, i que cada facultat necessita un determinat tipus de coneixement durant el seu desenvolupament; i que a nosaltres ens pertoca d'encertar aquesta seqüència i fornir aquest coneixement» (Spencer, 1989, p. 66-67). Més endavant, però, s'exclamava: «Amb la poca cosa que sabem de psicologia, i amb la ignorància que tenen els nostres mestres d'aquesta poca cosa, quines possibilitats té un sistema que requereix la psicologia com a base?» (Spencer, 1989, p. 71).

Spencer també va criticar la manera com en realitat eren impartides les lliçons de coses i, com a alternativa, proposava seguir les orientacions següents: «Es pot començar pels fets menys complexos que s'observen a primer cop d'ull: en les plantes, els colors, el nombre i les formes dels pètals i les formes de la tija i de les fulles; en els insectes, el nombre d'ales, de potes, d'antenes i de colors. A mesura que aquests fets són observats i

8. En aquell moment, predominava una visió molt inductiva de la ciència.

apreciats regularment, s'hi poden introduir fets nous; en el primer cas, el nombre d'estams i de pistils, la forma de les flors, si són de simetria radial o bilateral, la disposició i la tipologia de les fulles, si són oposades o alternes, si són pedunculades o sèssils, llises o piloses, serrades, dentades o unides; en l'altre, les divisions del cos, els segments de l'abdomen, els matisos de les ales, el nombre d'articulacions a les potes, i la forma dels òrgans més petits» (Spencer, 1989, p. 87). En aquest exemple proposat per Spencer, s'hi veu que, bàsicament, el que es pretenia era treballar l'observació i la descripció (amb l'objectiu d'establir fets), perquè eren les activitats que es consideraven més adequades per a l'edat i per a les possibilitats dels infants.

Ja en aquests dos exemples s'entreveu una preocupació simultània per introduir tant els mètodes de la ciència com els coneixements que ha generat. A la pràctica, tanmateix, sempre hi ha hagut un cert debat sobre la importància educativa i el valor relatiu dels conceptes enfront dels procediments.

El debat sobre conceptes versus procediments

El debat sobre conceptes versus procediments ha estat un debat central en la configuració de l'ensenyament de les ciències. DeBoer (1991) assenyala que, en realitat, el dilema entre conceptes i procediments no és exclusiu de la ciència. Així, per exemple, l'art o la música escolars han prioritzat normalment els procediments, mentre que la literatura o la història han prioritzat els coneixements conceptuals. La ciència escolar, per contra, ha estat un cas a part des de l'inici, perquè sempre ha considerat que calia tractar tots dos aspectes simultàniament, tot i que, a la pràctica, s'ha posat més l'èmfasi en l'un o en l'altre. Tal com afirma Layton (1973, p. 174): «El tema dels continguts conceptuals o procedimentals, del coneixement o del mètode, és un tema recurrent i encara no ben resolt en la relativament curta història de l'ensenyament de les ciències».

L'estudi de Layton mostra com, ja al segle XIX, a Anglaterra, hi va aparèixer el debat sobre quin era el valor principal que podia aportar la ciència. Mentre alguns autors, com Richard Dawes, consideraven que l'important de la ciència era el coneixement, perquè era útil per comprendre els fenòmens que afectaven la vida quotidiana i la inserció laboral dels infants, uns altres autors, com ara John Stevens Henslow, defensaven que l'important de la ciència, educativament parlant, era el mètode pel qual s'adquiria el coneixement, els aspectes inductius de l'activitat científica, més que no pas les conclusions. Per això defensava que calia ensenyar ciència no pel coneixement i la informació, sinó per com podia servir per entrenar els poders de l'observació i del raonament.

Des d'aquest moment inicial, el debat sobre conceptes versus procediments anirà reapareixent periòdicament amb un vaivé entre una posició i l'altra.

Al nostre país, els manuals de pedagogia de finals del segle XIX defensaven el caràcter pràctic i útil que havien de tenir les matèries a l'educació primària, sobretot pensant en la inserció laboral dels nens i nenes, atès que el període real d'escolarització era molt curt. Tanmateix, des del Museo Pedagógico Nacional, també es defensava que les ciències tenien interès per elles mateixes, i per això calia realitzar experiments a l'aula relacionats amb fenòmens quotidians (Bernal, 2001).

Ja iniciat el segle XX, la influència del moviment de l'Escola Nova en els plantejaments dels didactes del nostre país va fer que, tot i que adoptessin un enfocament general més aviat disciplinari, també incorporessin l'entorn i les habilitats dels infants. Això es pot veure a les obres de Modesto Bargalló (1920, 1934) o de Vicente Valls (1932). Així, Valls afirmava: «En aquest quadern es concedeix, doncs, més importància i intervenció al manualisme i a la matemàtica. Totes dues coses d'acord amb el que exigeix la naturalesa de les disciplines fisicoquímiques i el caràcter que aquestes han de tenir a l'escola» (Valls, 1932, p. 5), i tot seguit donava una sèrie de normes per a la intervenció a l'aula, entre les quals volem destacar-ne algunes, com ara:

> *a) l'activitat no s'ha d'entendre en un sentit exclusiu de manipulació: a la pedagogia del fer, a l'escola activa, ha d'existir una equació perfecta entre el* fer amb les mans *i el* fer amb el pensament. *Construir amb coses i amb idees: crear [...]; b) el programa s'ha d'ajustar al desenvolupament i a l'evolució de la ciència [...]; d) tota investigació escolar s'ha d'ajustar als mètodes científics (observació i experimentació = experiència científica). La metodologia didàctica és funció, i funció molt immediata, de la metodologia de la investigació. Ha de partir de les observacions personals de l'alumne i del medi on viu [...]; e) el mestre ha de* fer el possible perquè l'infant faci, *i ha de fer reposadament; f) ha d'evitar-se l'excés de paraules. Emprem les paraules precises per ajudar els fets a fer aflorar les veritats [...].* (Valls, 1932, p. 5-6, la rodona és de l'autor i la traducció, de l'editor)

Com era propi del moment, Valls va adoptar una concepció empirista i inductivista de l'activitat científica, però s'observa un interès per incorporar la metodologia de la ciència a la ciència escolar.

Fer això tenia com a conseqüència immediata la necessitat d'incorporar activitats de caràcter experimental. Es tracta d'una constant en les recomanacions didàctiques de principis de segle i es van publicar moltes obres amb la intenció que servissin de formació científica per als mestres de primària. És el cas de les obres ja citades de Valls (1932) i de Bargalló (1920, 1934), del completíssim manual didàctic de Margarida Comas (1937) o d'algunes obres de Rosa Sensat (1923). Constitueix un exercici molt interessant consultar aquestes obres, perquè són una font molt bona per reconstruir la història dels experiments escolars al nostre país. Si s'hi fa una ullada ràpida, es podrà veure que, en bona part, hi ha els mateixos exemples d'experiències que encara es proposen avui dia als llibres de text o als llibres de reculls d'experiments escolars.

Quan es tractava de realitzar activitats experimentals a l'aula, al principi es recomanava que fos el mestre qui en realitzés les demostracions mentre els alumnes observaven i en prenien nota (Bernal, 2001). Posteriorment, es va admetre que l'alumnat hi havia de participar de manera activa, per això el mestre proposava l'experiència i donava les instruccions detallades en un guió que els nois i noies repetien pas a pas. Aquest era el màxim grau d'autonomia que apareixia en els materials editats. Normalment, es tractava de fer comprovacions empíriques d'una llei o d'un principi prèviament enunciat, de manera que els alumnes obtenien bàsicament destreses manipulatives, que, de fet, era l'objectiu que es perseguia. Aquest caràcter demostratiu i/o manipulatiu de l'experimentació avui dia encara predomina en moltes de les aules de primària del nostre país en què s'incorpora l'experimentació, de manera que és una concepció ben assentada entre els docents.

Si fem un salt en el temps i ens situem a les dècades dels anys seixanta i setanta, les propostes curriculars que van aparèixer als països anglosaxons, com ara el SAPA (*Science-A Process Approach*), de l'American Association for the Advancement of Science, insistia en la importància dels procediments per sobre dels continguts. En canvi, uns altres projectes de la mateixa època, com ara el famós projecte nord-americà SCIS (*Science Curriculum Improvement Study*),[9] adoptaven plantejaments més equilibrats.

9. El SCIS va inspirar el projecte Ciències 6-12 a Catalunya a mitjan dècada dels vuitanta.

L'èmfasi en els procediments va donar lloc al desenvolupament de propostes metodològiques basades en la idea d'aprenentatge per descobriment i, probablement, va conduir a una sobrevaloració de l'activitat manipulativa (*hands-on*) en detriment de la construcció conceptual, la qual cosa també ha conduït al predomini d'una concepció empirista i manipulativa de la ciència entre els docents, tant de primària com de secundària, en què l'experimentació, en lloc de la modelització, ocupa el lloc central (Windschitl, 2008).

En aquesta tradició d'atenció prioritària als procediments i, sobretot, a l'establiment de fets des de l'observació i l'experimentació, també hi podem ubicar el llibre *L'ensenyament de les ciències*, de Freinet (1977), autor, d'altra banda, molt influent en la formació dels mestres i en els plantejaments dels moviments de renovació pedagògica del nostre país als anys setanta i vuitanta. En la citada obra, Freinet qüestionava els continguts conceptuals que anomenava «les nocions abstractes d'aquest ensenyament» i subscrivia la idea que «el mètode usat ha de ser un mateix mètode, fonamentat en l'observació i l'experiència [...], a la classe i durant el passeig [el mestre] ha de fer observar i ha de fer experimentar». Freinet es referia al seu mètode com a *mètode natural d'ensenyament de les ciències*, i considerava que calia tenir en compte els interessos de l'alumnat a partir de les preguntes que aquest es formulava promogudes per la lectura d'un text lliure, d'un fet fortuït, d'una capsa de preguntes, d'una conversa, d'una recerca sistemàtica de temes, etc. Tanmateix, no es plantejava la investigació autènticament científica del fenomen com una possibilitat de respondre a l'interès i a la curiositat de l'alumnat, tampoc no feia cap referència al paper del coneixement científic propi dels infants,[10] i assumia que l'observació i l'experimentació conduirien, directament i sense dificultats, a l'aprenentatge dels continguts conceptuals.

Freinet mostra una concepció de la ciència clarament inductiva: «la *primera etapa* del coneixement científic és l'observació» (Freinet, 1977, p. 58), i dirigida a l'obtenció de fets: «observar és una etapa: l'observació suscita només els problemes. Cal recórrer a l'experimentació que ens aportarà respostes. L'experiència és una observació provocada. Per veure què faran, o en què es convertiran, posarem els ous de granota o de salamandra a l'aquari, la mongetera en un pot, els ratolins blancs a dins d'una capsa» (Freinet,

10. Cal tenir en compte que la investigació sobre el coneixement científic de l'alumnat es va iniciar molt a finals de la dècada dels setanta, però sobretot a la dels vuitanta i posterioment.

1977, p. 59). Així doncs, ens trobem amb un model d'ensenyament de les ciències centrat en l'establiment de fets i no tant en l'exercici, també *natural* en la ciència i en el raonament infantil, d'intentar explicar aquests fets tot inventant models i conceptes teòrics.

Actualment, el debat sobre la dicotomia entre procediments i conceptes es considera simplificador, parcial i produït per una visió molt pobra de l'activitat científica (Harlen, 1998; Izquierdo i Aliberas, 2004; National Research Council, 2007; Pujol, 2003). Tots els experts reconeixen el paper central que tenen les teories en la ciència experta i es reclama que, en la ciència escolar, la construcció teòrica també tingui un paper clau (Duschl, 1997; Izquierdo i altres, 1999*a*). Si considerem que la ciència no és només establir fets a través de l'observació i l'experimentació, sinó intentar explicar aquests fets, aleshores és evident que un model manipulatiu, exclusivament *hands-on*, no és adequat.

El repte d'assolir el doble objectiu de comprendre els models teòrics de la ciència experta, d'una banda, i de comprendre els processos pels quals es construeix el coneixement científic, de l'altra, és extraordinàriament difícil, i probablement no sapiguem encara prou bé com el podrem aconseguir. No debades, Layton afirma que, durant una bona part de la història de l'ensenyament de les ciències, el problema de «reconciliar aquests dos objectius ha estat clarament subestimat» (Layton, 1973, p. 177).

El *nature study*

Dediquem un espai breu al *nature study*, perquè va ser un moviment interessant i influent que defensava la importància que els infants tinguessin una àmplia comprensió del seu entorn natural, la qual cosa havia de conduir-los a mantenir actituds positives cap al medi. En certa manera, és un precedent remot d'aquells primers models i equipaments d'educació ambiental que pretenien acostar la natura als infants, i també podria considerar-se en part un precedent del que alguns anomenen *pedagogia verda* (Freire, 2011).

El *nature study* apareix originàriament a la dècada de 1890 als Estats Units d'Amèrica i, d'acord amb les orientacions del naturalista Louis Agassiz, defensava el paper clau de l'observació dels fenòmens reals, en oposició a un ensenyament més llibresc. Agassiz, afirmava: «aneu a la natura, preneu els fets a les vostres mans; observeu per vosaltres mateixos [...] el llibre de la natura és sempre obert [...] si aconsegueixo ensenyar-vos a observar, el meu objectiu s'haurà assolit». Els seus promotors principals van ser Liberty Hyde Bailey i Anna Botsford Comstock. El primer va publicar *The nature-study idea, being an interpretation of the new school movement to put the child in sympathy with nature* (1903), mentre que Comstock va publicar el *Handbook of nature study* (1911), que fins fa poc encara es reeditava.[11]

Com ja s'ha dit, el *nature study* perseguia un objectiu molt clar: promoure l'interès de l'alumnat pel seu entorn natural i ensenyar-lo a estimar la natura prioritzant els temes relacionats amb la història natural. Apel·lava sobretot a l'apreciació estètica del medi (Barberà, 2004), però també es considerava que podia contribuir a assolir uns altres objectius, com ara «cultivar els poders d'una observació acurada i construir coneixement a partir d'aquí, [el *nature study*] dóna a l'infant un coneixement pràctic i útil, cultiva llur imaginació i una percepció sobre què és veritat i la capacitat d'expressar-ho, cultiva en l'infant un amor a la bellesa, però sobretot dóna a l'infant un sentiment de companyonia amb els éssers vius del seu entorn i un amor permanent a la natura» (Botsford Comstock, 1911).

Un dels recursos metodològics que el *nature study* situava en primer pla era l'aprofitament de les plantes i dels animals del medi natural proper. Això va conduir a la necessitat d'elaborar orientacions per als mestres, perquè poguessin conèixer la flora i la fauna del seu territori, com també per conèixer maneres de cultivar plantes i de criar animals mitjançant terraris i aquaris.

Dels Estats Units, el *nature study* es va difondre ràpidament cap al Regne Unit, i allà el van arribar a conèixer molts mestres del nostre país, entre els quals hi havia Margarida Comas (Bernal i Comas, 2001). Comas compartia la idea que calia promoure l'afecte per la natura, però, per contra, també considerava que calia investigar els fenòmens més comuns i els grans principis científics que els servien de base. Donava una orientació més científica al *nature study*, la qual cosa està molt més en la línia del pensament didàctic actual.

Aprendre a investigar i investigar per comprendre

A la presentació, ja fèiem referència al lema «Aprendre a investigar»[12] (i així aprendre a fer ciència i aprendre sobre la ciència) i investigar

11. Algunes edicions d'aquests llibres es poden descarregar lliurement a la xarxa.
12. Vegeu el capítol 2 (p. 35) per copsar el sentit que donem al terme «investigar» en aquest llibre.

per aprendre (i així adquirir coneixement científic). Aquest lema reuneix, en lloc de separar, tant el coneixement com els mètodes de la ciència, tal com es defensa actualment des de la didàctica de les ciències.

Malgrat que la concreció de les conseqüències d'aquest lema en relació amb l'acció docent ha anat variant, el cert és que la idea que els nens i les nenes poden (i han d') investigar per ells mateixos no és nova, i té precedents en les aportacions d'alguns pedagogs de principis del segle XX. Aquí destacarem les aportacions de Dewey.

A la seva obra *How we think*, de 1910, Dewey afirmava: «l'actitud natural dels infants, marcada per una gran curiositat, una fèrtil imaginació i un amor per la investigació experimental, és propera, molt propera, a l'actitud de la ment científica» (Dewey, 2007). Dewey considerava que l'escola havia de contribuir a desenvolupar en els infants la seva capacitat de recerca i de pensament reflexiu propi, i per això descrivia cinc etapes, que, ordenades de manera seqüencial, serien:

1. Considerar una situació com a problemàtica.
2. Definir el problema de manera concreta i precisa, anant més enllà de les formulacions immediates i ràpides i intentant contextualitzar-lo.
3. Formular possibles solucions o hipòtesis.
4. Reflexionar de manera acurada sobre els possibles resultats de les diferents solucions o hipòtesis i, a partir d'aquí, escollir-ne una i elaborar un pla d'acció.
5. Realitzar el pla d'acció, és a dir, les observacions i/o els experiments que fossin necessaris per posar a prova la solució o la hipòtesi i que havien de conduir a acceptar-la o rebutjar-la.

Estem davant d'un plantejament més hipoteticodeductiu de l'activitat científica (i de l'activitat científica escolar), en què les idees (hipòtesis) ocupen un lloc central i guien l'acció. Aquest model contrasta amb els que hem vist anteriorment, que tenien un caràcter més inductiu.

Dewey plantejava un *mètode de problemes* que posava clarament l'accent en l'activitat de l'infant a través de la investigació i la recerca activa del que és desconegut (*learning by doing*, 'aprendre fent') i no en l'assimilació passiva de fets i coneixements. Proposava que els problemes plantejats a l'escola estiguessin integrats a la vida dels alumnes i que aquests els reconeguessin com a tals. Per això suggeria que el mestre, com a persona amb més experiència, fos qui proposés els problemes.[13]

El mètode de problemes va ser una de les aportacions pedagògiques importants de Dewey, i d'aquest principi en van derivar diverses propostes metodològiques, una de les quals va ser l'anomenat *mètode de projectes* plantejat per William H. Kilpatrick, col·lega i col·laborador de Dewey, i que va exposar a l'obra *The project method* (1918). Posteriorment, van aparèixer unes altres obres sobre el mètode de projectes, com ara, per exemple: *The project method of teaching* (1921), de J.A. Stevenson, on s'afirmava que «[es tracta] d'una acció més que d'una absorció passiva d'informació [...] [es tracta] d'una situació problemàtica que implica processos de raonament més que no pas processos de memorització d'informació; [es tracta de] subratllar la naturalesa problemàtica de la situació que no pas l'adquisició de principis preestablerts; [es tracta] de problemes en un context natural i no en un context artificial».

El mètode de projectes es va difondre ràpidament i va anar adoptant formes lleugerament diferents a mesura que hi havia diversos autors que hi feien les pròpies lectures i aportacions. Al nostre país, es va difondre a principis del segle XX a través de diverses obres publicades per la *Revista de Pedagogía*, entre les quals destaquen les de Fernando Sáinz (1933) i Margarida Comas (1931). En relació amb la tria dels projectes, Comas assenyalava: «el problema rau a suggerir aquells [projectes] que afavoreixin el seu [dels alumnes] desenvolupament físic, intel·lectual i moral, i escalonar-los de manera que incloguin no només totes les branques del vigent pla d'estudis, sinó els punts essencials de cadascuna» (Comas, 1931, p. 6). Més endavant, hi inclou una citació de W.W. Charters en què s'assenyala que: «el mestre ha de decidir els principis i els processos que els alumnes han de dominar, i a partir d'ells (i dels mitjans que tingui) seleccionar, no simples projectes, sinó grups de projectes, disposats de tal manera que sigui possible elegir amb seguretat que tots els fets essencials, principis i processos, entrin en el seu desenvolupament» (Comas, 1931, p. 9).

Val la pena tenir en compte aquestes indicacions, perquè el que a l'escola actual s'anomena treball per projectes és, la majoria de vegades, lluny de seguir-les. Actualment, és habitual substituir la component investigadora i de resolució de problemes per una simple recerca d'informació bibliogràfica, i el treball per projectes s'usa més com a complement lateral que

13. Tenint en compte que Dewey considerava molt important el trànsit entre l'escola i la família, proposava que els continguts del programa dels més petits derivessin de les necessitats bàsiques, com ara l'alimentació, el vestit i l'habitatge.

no pas com a nucli estructurador del projecte curricular. Veient aquesta realitat en l'aplicació del mètode de projectes, potser caldria reclamar una relectura urgent de les obres originals.

Al nostre país, potser va ser Margarida Comas (Alaior, 1892-Exeter, 1973) qui va defensar més clarament la importància de la investigació en l'ensenyament de les ciències als nens i nenes. Comas combinava una formació científica (va fer una tesi doctoral sobre biologia a París) i una àmplia formació pedagògica (va estudiar magisteri a l'Escola Normal de Palma, es titulà a l'Escuela de Estudios Superiores de Magisterio de Madrid i treballà com a professora de ciències en diverses escoles normals).

Comas afirmava que, si es volia que els alumnes tinguessin el paper d'investigadors, no n'hi havia prou que fessin algunes experiències prèviament preparades en què només realitzessin tasques instrumentals, sinó que calia proposar-los activitats en què treballessin i pensessin com els científics. Comas (1937) ja considerava que tota metodologia que es proposés per a l'ensenyament de les ciències estaria sempre condicionada per les finalitats que es perseguissin, per les habilitats que tinguessin els infants i per la manera de ser de la pròpia ciència. En relació amb les finalitats, Comas va elaborar un fil argumental que encara avui es pot considerar vigent. Deia: «indubtablement, és interessant que el nen conegui el món que l'envolta, sàpiga els noms i propietats dels éssers amb els quals està més o menys relacionat; si aquest concepte, que podem anomenar utilitari, és el que preval, haurem de procurar, atès que el període escolar és molt curt comparat amb la vida sencera, subministrar aquests coneixements, que abracen un gran camp, en la major quantitat possible, imposant-se com a conseqüència l'estudi del llibre, i tots aquells mitjans susceptibles d'estalviar temps i augmentar el contingut. Si, contràriament, sense desconèixer el valor del saber concret, pensem que essent aquest forçosament escàs, i mai completament adequat a les necessitats futures [...] és millor preparació per a la vida el despertar l'afició per la naturalesa, ensenyant, al mateix temps, on i com poden adquirir-se els coneixements que en un moment determinat es vulguin, els llibres passaran a un segon pla i *l'adquisició de dades de primera mà, l'observació, l'experimentació, les excursions*, ocuparan el preferent» (Comas, 1937, p. 161-162, la cursiva és de l'autor).

Com es desprèn de la citació anterior, Comas, sense subestimar la importància del coneixement, opta per la investigació de l'alumnat com a estratègia general de la ciència a l'escola i per això més endavant descriu les etapes successives que, segons ella, configuren els mètodes propis de les ciències naturals, que són: «*l'observació*, que és el punt de partida de totes les ciències experimentals; *la hipòtesi*, un cop comprovats els fets comença llur explicació [...] tota inducció és una hipòtesi en tant que no és comprovada o destruïda per l'experimentació; *l'experimentació*, que és la que fa aparèixer la veritat o falsedat de les hipòtesis [...], la diferència essencial entre l'observació i l'experimentació és l'existència o l'absència d'una idea explicativa preconcebuda en l'esperit de l'investigador, *la llei*, el pas dels fets a les lleis o a les hipòtesis es fa mitjançant un procés que pot comprendre tres formes d'inferència: del particular al particular (raonament analògic), del particular al general (raonament inductiu), del general al particular (raonament deductiu)» (Comas, 1937, p. 169-171). Malgrat que ara disposem d'una visió sobre la ciència que, en molts aspectes, difereix del que exposa Comas (Izquierdo i Aliberas, 2004), el cert és que és molt destacable l'enfocament didàctic de Comas, sobretot el fet de plantejar-se la naturalesa de la ciència i la comprensió dels processos d'aprenentatge infantil com a referents bàsics de les decisions metodològiques referides a l'ensenyament de les ciències. Aquests dos referents són fruit de les aportacions teòriques i empíriques de diverses disciplines (com veurem al llarg del llibre), mentre que el tercer referent que es planteja Comas, les finalitats, té un caràcter més ideològic i polític. En tot cas, la figura de Comas (i d'altres com ara Sensat, Valls, Bargalló, Rioja, etc.) posa clarament de manifest que la didàctica de les ciències estava perfectament activa al nostre país des de principis del segle XX i fins al franquisme.

Desenvolupar la competència científica

Des de fa un temps, els currículums han incorporat el concepte de *competència* en les seves finalitats i, en relació amb l'educació científica, ha aparegut el concepte de *competència científica*. L'establiment del principi de comprensivitat, l'allargament de l'ensenyament obligatori, el valor social, cultural i econòmic de la ciència, la influència que aquesta té en la nostra vida quotidiana, tot conjuntament ha conduït cap a aquesta direcció, sense que això vulgui dir que es tracti d'una finalitat absolutament diferent de les anteriors.

Al nostre país, la idea de *competència científica* és introduïda en la nova ordenació curricular derivada de la LOE (BOE, 2006) com una de les vuit competències bàsiques que s'hi proposen, i s'hi identifica com a *com-*

petència en el coneixement i la interacció amb el món físic.[14] Quin significat es dóna a la competència científica en el nostre currículum?

Prenent com a referent el Reial Decret 1553/2006 d'ensenyaments mínims de l'educació primària (BOE, 2006), la competència científica s'hi defineix com: «el desenvolupament i l'aplicació del pensament cientificotècnic per interpretar la informació que es rep i per predir i prendre decisions amb iniciativa i autonomia personal en un món en què els avenços que es van produint en els àmbits científic i tecnològic tenen una influència decisiva en la vida personal, la societat i el món natural. Així mateix, implica la diferenciació i la valoració del coneixement científic al costat d'altres formes de coneixement, com també la utilització de valors i criteris ètics associats a la ciència i al desenvolupament tecnològic».

Més endavant, el mateix document concreta una mica més i considera que la competència científica incorpora: «l'aplicació d'algunes nocions, conceptes científics i tècnics, com també de teories científiques bàsiques prèviament compreses. Això implica l'habilitat progressiva per posar en pràctica els processos i les actituds propis de l'anàlisi sistemàtica de la realitat i d'indagació científica: identificar i plantejar problemes rellevants; realitzar observacions directes i indirectes amb consciència del marc teòric o interpretatiu que les dirigeix; formular preguntes; localitzar, obtenir, analitzar i representar informació qualitativa i quantitativa; plantejar i contrastar solucions, temptatives o hipòtesis; realitzar prediccions i inferències de nivell diferent de complexitat; i identificar el coneixement disponible, teòric i empíric, necessari per respondre preguntes científiques, i per obtenir, interpretar, avaluar i comunicar conclusions en diversos contextos (acadèmic, personal i social). Així mateix, significa reconèixer la naturalesa, les fortaleses i els límits de l'activitat investigadora com a construcció social del coneixement al llarg de la història». Sumada a aquestes capacitats que apareixen al BOE, el currículum de Catalunya n'hi afegeix una altra que volem destacar, perquè introdueix explícitament la idea de model que és d'absoluta actualitat en el debat didàctic actual: «[...] explicar els fenòmens amb l'ajuda de models, verificar la coherència entre les observacions i l'explicació donada, i expressar-la utilitzant diferents canals comunicatius» (DOGC, 2007).

Aquesta concreció de la competència científica està plenament en sintonia amb el que planteja l'informe recent *Taking science to school, lear-*

14. Per abreujar, usarem el terme «competència científica».

ning and teaching science in grades K-8 (National Research Council, 2007). Aquest informe proposa que la competència científica implica el desenvolupament progressiu de quatre grans habilitats (quadre 2).

En tots dos casos es desprèn una visió sobre les capacitats dels nens i nenes molt més àmplia i sofisticada que no pas la que ha dominat el pensament didàctic durant tants anys, i una visió de la ciència molt més comple-

Quadre 2. Descripció de la competència científica segons l'informe *Taking science to school* (National Research Council, 2007)

Conèixer, usar i interpretar les explicacions científiques sobre els sistemes naturals	Implica aprendre els fets, els conceptes i els models bàsics de la cultura científica actual i ser capaç d'usar-los de manera productiva en la interpretació, la construcció i el refinament d'explicacions, arguments i models.
Generar i avaluar evidències i explicacions científiques	Suposa disposar dels coneixements i de les habilitats necessaris per construir i revisar models teòrics basats en evidències, dissenyar i analitzar investigacions, així com usar evidència empírica per construir i defensar arguments.
Comprendre la naturalesa i el desenvolupament del coneixement científic	Implica que les alumnes i els alumnes han de comprendre la ciència com una manera de conèixer, amb les seves pròpies fonts, regles, processos, valors i limitacions. Adquirir aquesta capacitat els ha de permetre reconèixer que el coneixement científic és provisional i que es pot revisar en base a noves evidències o a nous models teòrics d'interpretació de les evidències. Igualment, han d'arribar a reconèixer que hi pot haver múltiples explicacions a un mateix fenomen i que les explicacions científiques no són certes o falses, sinó adequades o inadequades segons si estan d'acord amb més evidències i si tenen més capacitat explicativa i predictiva.
Mantenir una actitud continuada d'interès cap a la ciència i les novetats científiques	Suposa mantenir una actitud que els permeti aprendre ciències tot al llarg de la seva vida i en contextos diferents, i que els permeti també participar de manera productiva, opinant de manera científicament fonamentada, en els problemes i els debats en els quals sigui útil mobilitzar el coneixement científic.

xa, en què l'activitat científica no és un simple procés d'inducció o de deducció, sinó que comporta una interacció complexa entre l'obtenció de dades, l'establiment de fets, la generació de models explicatius, l'avaluació, etc. (vegeu el capítol 2, p. 35).

En aquests moments, ningú no dubta de la importància que té l'educació primària en el procés d'adquisició de la competència científica i així queda subratllat en diversos documents internacionals publicats els darrers deu anys (National Research Council, 2000, 2007; Rocard, 2007) i també, al nostre país, en el recent informe *ENCIENDE* (COSCE, 2011). Tots aquests informes coincideixen a considerar que l'assoliment de la competència científica comporta implicar l'alumnat des de ben petit en processos d'investigació que comportin comprendre i usar el màxim possible de processos propis de la pràctica científica autèntica, tant pel que fa a la generació de dades i l'establiment de fets, com a la generació d'idees i models que serveixin per explicar els fets establerts. A més a més, suposen que l'adopció de la investigació com a estratègia metodològica també ajudarà els nens i nenes a millorar llur comprensió sobre la naturalesa de l'activitat científica, sobretot si aquest aspecte (la naturalesa de la ciència) és tractat de manera explícita a l'aula. Per això es parla de la necessitat d'impulsar a l'educació primària l'ús d'estratègies d'aprenentatge a través de la investigació (IBSE, Inquiry-Based Science Education), proposta que, a un nivell general de formulació, no és pas nova en la història de l'ensenyament de les ciències, però que, en la concreció actual, tal com es mostrarà en els capítols propers, sí que difereix en molts aspectes de la majoria de pressupòsits d'autors com ara Freinet, Dewey o Comas.

Que es poden aprendre ciències mitjançant la implicació de l'alumnat d'educació primària en processos d'investigació ens ho posen clarament de manifest les investigacions recents, procedents tant de l'àmbit de la didàctica de les ciències com de la psicologia cognitiva (Metz, 2004; National Research Council, 2007; Zimmerman, 2007). No obstant això, per a molts mestres, aquesta estratègia didàctica pot suposar un canvi radical, tant de les seves concepcions sobre les possibilitats de l'alumnat de primària, com del que tradicionalment s'han considerat pràctiques d'ensenyament-aprenentatge de les ciències adequades a l'etapa. I aquest no és un problema exclusiu del nostre país, sinó que també s'ha detectat en altres països (Metz, 1995). Això comporta un repte importantíssim per a la formació inicial i permanent dels mestres. D'aquí el nostre interès a presentar, en els capítols propers, alguns dels coneixements nous que s'han anat adquirint sobre l'aprenentatge de les ciències dels nens i nenes de primària, tant dels conceptes i dels models teòrics de la ciència experta, com dels mètodes d'investigació que segueixen.

En aquest capítol, hem parlat de les tres grans finalitats que s'han atribuït a l'ensenyament de les ciències al llarg del temps:

1. Desenvolupar les facultats cognitives generals dels infants.
2. Adquirir el coneixement i els mètodes de la ciència.
3. Desenvolupar la competència científica.

2

Aprendre a investigar

Abans de començar, pensem-hi una estona....

- Com explicaries què és la ciència?
- Què et sembla que fan els científics per generar coneixement científic?

Tal com s'ha vist al capítol anterior, la nova ordenació curricular planteja que l'ensenyament de les ciències a l'educació primària ha de contribuir a desenvolupar el pensament científic dels nens i nenes, i aquest és un objectiu actualment compartit en el currículum científic de molts altres països (Charpak, Léna, Quéré, 2006; National Research Council, 2007).

Zimmerman defineix el pensament científic com «l'aplicació dels mètodes i els principis de la investigació científica al raonament o a la resolució de preguntes o situacions problemàtiques, [...] comporta *l'ús de les habilitats implicades a generar, avaluar i revisar evidències i teories, així com també la capacitat de reflexionar sobre el procés d'adquisició i revisió de coneixement*» (Zimmerman, 2007, p. 173, la cursiva és de l'autor).

Les aportacions que ha fet la recerca en els àmbits de la psicologia i de la didàctica en els darrers vints anys indiquen que els nens i nenes de 6 a 12 anys tenen més capacitat per al pensament científic del que normalment se solia reconèixer, i que el seu desenvolupament està molt condicionat per les experiències educatives (sobretot les escolars, però no només) que cada infant ha viscut des de ben petit.

Les habilitats de pensament científic no es desenvolupen de forma espontània, de manera que cal un projecte curricular escolar ben articulat per assolir-les. En aquest sentit, Pozo assenyala que la ciència és una producció cultural relativament recent en la història evolutiva dels humans i, per això, cal ensenyar-la de manera explícita. Diu: «possiblement ens trobem davant d'un exemple característic de les noves demandes cognitives que comporta la societat del coneixement [que] ens està exigint, cada vegada més, incorporar formats nous de representació simbòlica que ens permetin no ja ser millors consumidors, sinó ser bons productors de símbols. Però per això, haurem d'aconseguir reestructurar les representacions tan restringides que ens proporciona el nostre equipament cognitiu de sèrie» (Pozo, 2001, p. 194). Usant l'analogia que fa servir aquest autor, podem dir que el nostre sistema cognitiu de sèrie està configurat per conèixer el món, però no per conèixer-lo a la manera de la ciència, tret que haguem tingut un entrenament específic.

Al capítol anterior, també hi hem destacat l'ampli consens que existeix a assenyalar la importància d'introduir estratègies metodològiques que impliquin els alumnes en processos d'investigació autèntica en què, a poc a poc, se'ls va donant cada cop més autonomia. Aquesta estratègia es considera la millor aposta per assolir l'objectiu final d'aprendre coneixement científic, al mateix temps que es fa possible aprendre a *fer* ciència i aprendre *sobre* la ciència. En el present llibre, també hi adoptem aquest plantejament, perquè bona part de l'evidència empírica de què disposem en aquests moments indica que realment la introducció d'estratègies investigadores dóna resultats més bons en la comprensió de continguts i en la comprensió de la pròpia activitat científica, que no pas d'altres metodologies que o bé estan centrades en la transmissió d'informació o bé en la manipulació.

Usarem el terme *investigació autèntica* per referir-nos a aquelles investigacions en què l'alumnat està plenament implicat i que condueixen, d'una banda, a establir fets a partir de l'obtenció de dades reals i, d'una altra, a construir models explicatius sobre els fets obtinguts per part dels propis nens i nenes. La investigació autèntica, per tant, compromet l'alumnat en l'aprenentatge i l'ús d'una àmplia diversitat de processos propis de l'activitat científica.

És probable que, al llarg de tota l'educació primària, hi hagi d'haver molts moments dedicats a establir fets i a acumular-ne, però aquests hauran d'estar sempre complementats amb altres moments, menys però molt ben pensats, dedicats a explicitar i transformar de manera progressiva els models i les idees científiques que els infants construeixen per explicar aquells fets. Això ja ens indica que l'aprenentatge de les ciències, i en això no és una excepció, és necessàriament un projecte d'escola que requereix un model didàctic i unes finalitats compartides per tots els mestres i totes les mestres que hi estiguin implicats. Per tot plegat, dediquem els propers apartats a desenvolupar la idea d'investigar a l'aula.

La ciència, una activitat que genera coneixement

Una mestra o un mestre que ensenya ciències s'hauria d'haver fet alguna vegada les preguntes plantejades al començament del capítol. El coneixement sobre la naturalesa de la ciència –com es genera el coneixement científic, com es relaciona la teoria amb l'evidència, com es planifica una investigació, què és una hipòtesi, quina importància i quin paper hi tenen els models, etc.– forma part, juntament amb uns altres tipus de coneixements,[15] del que s'ha anomenat *coneixement didàctic dels mestres per ensenyar ciències* (Gess-Newsome i Lederman, 1999). No n'hi ha prou de conèixer fets científics per ensenyar ciències.

Aturar-se a pensar sobre la ciència és important, perquè molts estudis han mostrat que les concepcions que predominen entre els estudiants de mestre i entre els mestres en exercici són lluny dels models epistemològics actualment més acceptats (Lederman, 2007; Porlán, 1994). A més, també sabem que les concepcions que es tenen sobre la ciència, encara que sovint no siguin explícites, condicionen de diverses maneres la pròpia pràctica d'aula i la selecció dels materials curriculars que s'hi utilitzaran (Flick i Lederman, 2006; Martí, 2010*b*). En relació amb els materials curriculars, val a dir que la immensa majoria de llibres de text per a l'educació primària no tenen un plantejament ni clar ni coherent en relació amb la manera com es pot implicar l'alumnat en processos autèntics d'investigació. Així doncs, el que normalment acaben aconseguint és transmetre una visió molt superficial de l'activitat científica.

Aleshores, què és la ciència? El terme *ciència* té una doble dimensió. D'una banda, el podem usar per referir-nos a un cos de coneixements format per teories (teoria atòmica de la matèria, teoria de l'evolució per selecció natural, teoria de la tectònica de plaques, etc.) que contenen conceptes

15. Com ara: el coneixement del contingut científic, el coneixement dels alumnes i els seus processos d'aprenentatge, el coneixement de les diverses orientacions i estratègies per ensenyar ciències, etc.

(molècula, selecció natural, enllaç químic, pes, placa tectònica, etc.) i fets (la caiguda dels cossos, les erupcions volcàniques, el registre fòssil, etc.). D'altra banda, també el podem usar per referir-nos als processos cognitius (observar, mesurar, obtenir patrons, establir evidències i avaluar-ne, analitzar dades, proposar models explicatius, avaluar teories, proposar conceptes, etc.) i a les tècniques manipulatives (mirar per la lupa, fer disseccions, dibuixar éssers vius, utilitzar aparells de mesura, etc.) que els científics usen per generar aquest coneixement.

Potser és aquesta segona dimensió la que descriu millor la ciència, perquè, en el fons, la ciència la podem definir com una activitat que té, com a producte final, la generació de coneixement. Un coneixement que, a més a més, sempre hauríem de considerar provisional i canviant -més que no pas definitiu-, i adequat o útil -més que no pas veritable o fals. La ciència és, doncs, una manera de mirar la realitat que produeix coneixement i ens permet comprendre-la i intervenir-hi (Arcà, Guidoni, Mazzoli, 1990; Izquierdo i altres, 1999*a*; Izquierdo i Aliberas, 2004) i que, com a tal, és una construcció cultural relativament recent en la història de l'espècie humana (Pozo, 2001).

Si entenem la ciència experta bàsicament com una activitat, aleshores la ciència escolar també l'hauríem de pensar com una activitat. La ciència a l'escola no hauria de ser un conjunt de fets o de conceptes aïllats que cal aprendre i saber repetir, ni un conjunt de procediments experimentals que cal reproduir mecànicament, sinó que hauria de ser la introducció dels infants a una manera singular de plantejar-se preguntes i de respondre'n sobre el món que ens envolta.

Igual que la ciència experta pretén millorar o aprofundir en la comprensió adquirida per la comunitat científica en relació amb determinats conjunts de problemes, també la ciència escolar ha de perseguir l'evolució de la comprensió que els nens i nenes ja tenen des de molt petits sobre un conjunt determinat de fenòmens com ara la nutrició d'una planta, les semblances entre pares i fills, la transmissió del so, els canvis d'estat o les transformacions químiques. L'objectiu de l'activitat científica escolar sempre hauria de ser comprendre, mentre que observar i experimentar són alguns dels mitjans que necessitarem per assolir aquest objectiu. Per tant, fer ciència a l'aula no és sinònim de fer observacions i experiments, tot i que no es pot fer ciència a l'escola sense observar i experimentar.

A l'esquema del quadre 3, hi mostrem aquesta concepció sobre la ciència escolar. Els requadres amb fons negre representen dos elements fonamentals que emmarquen el treball a l'aula. D'una banda, tenim els models teòrics de la ciència que estan formats per un conjunt de fets i d'idees científiques clau que en constitueixen el nucli central (per una selecció de les idees centrals de la ciència que es poden treballar a primària es pot consultar National Research Council, 2011). Així doncs, segons el nostre plantejament, el coneixement expert actua de referència per als mestres i d'horitzó per als alumnes. No cal adquirir-lo de cop en finalitzar una unitat didàctica, sinó que cal distribuir-lo al llarg de tot el projecte curricular de l'escola.

D'altra banda, tenim els objectes i els fenòmens de la realitat que són la matèria primera real per a l'aprenentatge científic, atès que, de l'exploració que se'n faci, en derivaran les preguntes que guiaran les investigacions que es plantejaran mestres i alumnes. És bo de recordar de nou la sentència de Louis Agassiz: «Study nature, not books», perquè la ciència és bàsicament a la realitat, no als llibres o entre els experts (tant se val que siguin mestres com científics), malgrat que això no vol dir pas que es pugui prescindir dels llibres i de les persones expertes.

Amb fons gris s'identifica el procés bàsic de l'aprenentatge científic segons la reflexió que hem fet més amunt. Es tracta d'un procés que necessàriament ha de partir de les idees i de les habilitats científiques que tenen els

Quadre 3. La ciència escolar com a procés d'evolució de les idees i de les habilitats dels nens

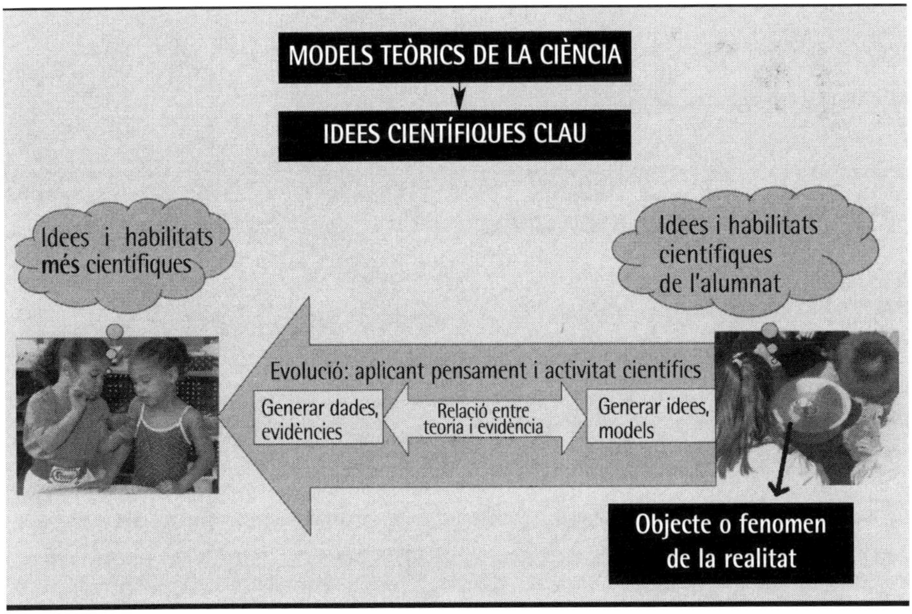

nens i nenes en un moment determinat, les quals haurem de fer avançar a poc a poc fins que s'assoleixi un segon estadi en què es puguin considerar més científiques, és a dir, que estiguin basades en més i millors evidències, siguin més coherents des d'un punt de vista lògic i tinguin un abast explicatiu més ampli, la qual cosa les farà, sens dubte, més properes a les de la ciència experta, encara que estiguin formulades d'una manera diferent, pròpia de la història científica de cada infant. En aquest sentit, compartim la idea de Mercè Izquierdo quan planteja que igual que existeix una història de les idees científiques, també es pot considerar que hi ha una història de les idees científiques de cada infant (Izquierdo, 2005).

L'evolució de les idees dels nens i nenes és gradual i lenta, i durant el recorregut és probable que apareguin, i es mantinguin, certes concepcions alternatives, fruit del procés que ells segueixen per integrar els fets nous i les informacions noves rebudes amb les experiències i els sistemes conceptuals que ja tenien (Vosniadou, 2008, vegeu el capítol 3, p. 97).

L'evolució simultània de les idees i de les habilitats dels alumnes només es pot fer si els impliquem en els processos propis de l'activitat científica, juntament amb la introducció d'estratègies per promoure les seves capacitats metacognitives. Els requadres amb fons blanc inclouen els elements més característics de l'activitat científica, els quals es mostren de manera més àmplia al quadre 4 i es descriuen al llarg del present capítol. Són aquests processos i habilitats els que hem d'ensenyar a usar als nens i nenes. Per això, els mestres hauran de saber crear situacions que permetin estimular els tres tipus de conversa que, segons Wagensberg (2007), caracteritzen la ciència:

- La *conversa amb la realitat* –a través de percebre, observar i experimentar.
- La *conversa amb els altres* –a través de l'argumentació, la justificació, la descripció i la interpretació.
- La *conversa amb un mateix* –a través de la reflexió personal.

Tal com també s'ha dit: *fer*, *pensar* i *comunicar* (Pujol, 2003).

Fetes aquestes consideracions generals sobre la ciència escolar, ara és moment d'endinsar-nos una mica més en les habilitats que caldrà promoure entre els infants i que conjuntament configuren la investigació científica.

Tal com es mostra al quadre 4, podem considerar que l'activitat científica es desenvolupa en dos grans àmbits (l'àmbit de les dades, els fets i les evidències, i l'àmbit de les idees i els models teòrics) que, tot i ser absolutament interdependents, comporten l'aplicació de processos cognitius diferents.

Quadre 4. Processos generals d'activitat científica

INVESTIGAR

DADES, FETS I EVIDÈNCIES	← Generar →	IDEES I MODELS TEÒRICS
Obtenir dades per establir fets i evidències		**Explicar fets i evidències**
Planificar i portar a terme activitats per obtenir dades Observar (usar aparells), mesurar (usar aparells), fer càlculs estadístics, dissenyar experiments amb variables, consultar dades.	Preguntar Comunicar Avaluar	**Desenvolupar i usar models** Proposar models i posar-los a prova, interpretar, explicar i/o justificar evidències amb models teòrics, buscar informació (consultar idees), avaluar models.
Analitzar dades Ordenar dades, representar dades, identificar patrons, avaluar dades, classificar, comparar, ordenar.		**Construir explicacions** Formular hipòtesis, formular prediccions, proposar mecanismes causals, avaluar explicacions.
Establir conclusions Extreure conclusions (establir fets o evidències a partir d'unes dades), avaluar les evidències obtingudes.		**Argumentar a partir de l'evidència** Argumentar usant les evidències com a proves, avaluar arguments.
- Curiositat per explorar. - Respecte per l'evidència. - Reaccionar a dades anòmales. - Ser rigorós. - Ser conscient de les limitacions de la recerca.		- Curiositat per pensar i imaginar. - Disposició a canviar d'idea.

A més a més, hi ha tres accions (preguntar, comunicar i avaluar) que es donen en tots dos àmbits. Així doncs, podem distingir cinc processos generals propis de l'activitat científica:

1. Generar dades, fets i evidències.
2. Generar idees i models teòrics.
3. Preguntar.
4. Comunicar.
5. Avaluar.

L'àmbit de les dades, els fets i les evidències conté una sèrie de processos que, en última instància, serviran per generar, avaluar i revisar dades, a partir de les quals es podran establir fets que actuaran com a evidències de certs models teòrics.

L'àmbit de les idees i dels models teòrics conté un conjunt de processos dirigits de manera general a la generació, l'avaluació i la revisió d'explicacions i de models teòrics. Tots dos àmbits es relacionen mútuament perquè, en ciència, les explicacions han de permetre explicar els fets obtinguts, i els fets han de permetre imaginar i suggerir explicacions. Per això hem dit que tots dos àmbits són diferents però interdependents. De l'esquema també se'n desprèn que les preguntes són l'instrument que ens permetrà moure'ns d'un procés a un altre en un mateix àmbit o que ens permetrà establir relacions entre tots dos àmbits. Igualment, hi ha dues accions, avaluar i comunicar, que s'han de tenir en compte en qualsevol dels dos àmbits.

A continuació, dediquem un apartat específic a descriure una mica més a fons tres d'aquests cinc processos (preguntar; generar dades, fets i evidències, i generar idees, models teòrics i explicacions), atès que els aspectes referits a l'avaluació i a la comunicació ja queden inclosos en els apartats anteriors.

Les preguntes

Vale más pregunta en mano
que cien respuestas volando.
(Albert Pla)

Les preguntes són el motor de qualsevol investigació científica, perquè vehiculen i concreten allò que es vol fer o saber en funció dels objectius específics que es persegueixen en un moment determinat del procés d'investigació, ja sigui generar dades, avaluar evidències, interpretar dades, proposar models explicatius, avaluar els models proposats, etc. Igualment, interrogar-se sobre el propi coneixement i sobre els processos usats per construir coneixement, és a dir, ser capaç de pensar sobre el propi coneixement (metacognició), esdevé una habilitat cada vegada més imprescindible.

És a través de les preguntes que ens movem entre els dos àmbits (o a l'interior de cadascun) que hem dit que configuren un procés d'investigació. Per tant, en una seqüència d'investigació amb els alumnes, hi hauria d'haver una àmplia varietat de tipus de preguntes, entenent que aquestes poden aparèixer de maneres diverses a la dinàmica d'una aula. Unes vegades seran preguntes que el mestre haurà pogut planificar prèviament i que les formularà oralment o per escrit a tot el grup, als petits grups o a cada infant individualment. Unes altres vegades seran preguntes que serviran per donar suport al que els nens i nenes estan fent en aquell moment, que els fan anar una mica més enllà o que els ajuden a regular el seu procés d'aprenentatge. Tots dos tipus de preguntes són importants, però els mestres no les generen de la mateixa manera. Les primeres, les que formen part del disseny d'una activitat o d'una sessió de classe, les han pogut planificar amb antelació; en canvi, les segones, les que es formulen de manera més immediata en funció del que està passant a l'aula, cal improvisar-les en aquell moment, però, tot i improvisar-les, han de respondre al paper que es vol que les preguntes tinguin en el procés d'aprenentatge de l'alumnat. Per això és important pensar quines característiques han de tenir les bones preguntes en una classe de ciències.

Formular bones preguntes no és una tasca fàcil i, com en tants d'altres aspectes del coneixement didàctic del professorat, se n'aprèn pensant-ne, fent-les a classe i avaluant-ne la utilitat per a l'aprenentatge dels alumnes i les alumnes. El que és ben segur és que una bona part dels aprenentatges que s'arribaran a assolir durant un procés d'investigació depèn de la qualitat de les preguntes que circulen per l'aula, independentment de qui les formuli, ja sigui el mestre o el propi alumnat.

Fruit de la importància que la didàctica de les ciències atorga a les preguntes, darrerament s'han fet diverses aportacions molt interessants sobre l'art de preguntar a l'aula (Harlen, 1998; Harlen, Elstgeest i Jelly, 2001; Márquez, Roca i Via, 2003; Márquez i altres, 2004). Partim d'aquestes aportacions per identificar quatre aspectes que considerem molt importants a l'hora de formular preguntes en el marc d'un treball d'investigació científica amb l'alumnat (quadre 5).

Quadre 5. Característiques que cal tenir en compte en formular preguntes

Les preguntes haurien de:
1. Ser bones, és a dir:
▪ Productives i obertes.
▪ Centrades en la persona.
▪ Formulades en el moment adequat i contextualitzades.
▪ Significatives i que l'alumnat les pugui respondre.
▪ Que realment preguntin el que es vol preguntar, és a dir, que estiguin ben formulades.
2. Haver-hi un cert nombre de preguntes investigables.
3. Combinar preguntes del *què*, del *com* i del *per què*.
4. Ser preguntes centrals per al model teòric que s'està treballant a l'aula.

Un primer aspecte que cal destacar-ne és que les preguntes han de ser bones. Harlen (1998) i Márquez, Roca i Via (2003) han atribuït una sèrie de característiques a les bones preguntes. Una primera característica és que han de tendir a ser *productives i obertes*, és a dir, que convidin a proposar diverses respostes que es puguin posar a prova –per exemple: «Com expliques que es puguin sentir els sorolls del passadís encara que hi hagi una paret enmig?»–, en lloc de conduir a una sola resposta tancada. Tot i això, algunes vegades també seran útils les preguntes reproductives i tancades que condueixen a una resposta única i preestablerta o fàcil de donar, sobretot quan es vol remarcar un aspecte que no es pot deixar passar per alt, per exemple: quan es vol que, en una observació, tots els nens i nenes es fixin en una característica o en un atribut determinat de l'objecte o del fenomen: «Quantes potes té?», «De quin color és?», etc.

Una segona característica de les bones preguntes és que, preferiblement, haurien de formular-se *centrades en la persona* i no centrades en el tema. Les preguntes centrades en la persona –com ara: «Què et sembla que necessita una planta per viure?»– conviden directament els infants a manifestar les seves pròpies idees, en canvi, les centrades en el tema –com ara: «Què necessita una planta per viure?»–, tot i que són aparentment iguals, solen ser rebudes per l'alumnat com a peticions de respostes considerades correctes. Arribats en aquest punt, voldríem assenyalar que les preguntes que circulen per una aula seran acollides d'una manera o d'una altra segons les normes que governen la dinàmica de classe, especialment en relació amb allò que s'hagi establert amb les alumnes i els alumnes sobre el valor que té el seu coneixement respecte al coneixement expert de l'ensenyant o dels llibres. És molt difícil que els infants valorin les preguntes obertes i juguin el joc que els proposem si en realitat estan avesats al fet que, en el moment de la veritat, només compta com a bona una sola resposta tancada. Canviar aquests hàbits sol ser complicat i, altre cop, un projecte curricular de centre coherent és l'únic que ajudarà a concretar climes d'aula òptims per a la formulació de preguntes i la circulació d'idees, perquè saber jugar amb les preguntes és un hàbit que requereix temps.

Una tercera característica important de les bones preguntes és que siguin formulades en el *moment adequat* i que estiguin *contextualitzades*. Cal evitar fer massa preguntes i no fer-ne sense la presentació d'un context que emmarqui la pregunta i donar pistes en forma de referències a marcs teòrics que cal tenir en compte per elaborar la resposta –per exemple: «Pensant que el so és una vibració, podries explicar...?». També cal que les preguntes siguin significatives per als alumnes i que les puguin respondre, és a dir, que no siguin ni inabordables, ni massa òbvies. Per últim, també és molt important que preguntin el que es vol preguntar, especificant clarament el que es vol que es faci quan es respongui, ja sigui descriure, justificar, interpretar, comparar, etc.

Harlen (1998) assenyala que les preguntes de l'alumnat són molt importants i cal atendre-les sempre, perquè és la manera com els nens i nenes manifesten el seu interès i relacionen uns coneixements o unes experiències amb uns altres. De totes maneres, també cal ajudar els infants a comprendre que hi ha preguntes científiques i que n'hi ha que no ho són, i que podem reconèixer les que ho són perquè les podem respondre, almenys en part, investigant la realitat. És sobre aquest aspecte que volem incidir en segon lloc.

La majoria d'experts coincideixen a subratllar el valor d'aquelles preguntes que s'han anomenat preguntes investigables. Les *preguntes investigables* són totes aquelles que poden ser respostes pels propis infants a través del disseny i la realització d'un procés d'investigació, ja sigui observant o fent experiments. Per tant, no considerem preguntes investigables aquelles que es poden respondre completament a partir del que ja se sap o buscant les respostes en fonts d'informació externes.

En moltes pràctiques reals d'aula, s'hi plantegen preguntes en què se suposa que es compromet les alumnes i els alumnes a investigar, però, en realitat, se sol confondre *investigar* amb *cercar informació*. Això passa, per exemple, quan es diu que els nens i nenes «investiguen» sobre els pingüins, quan el que fan és bàsicament portar informació. Atenció! Buscar informació pot (i molt sovint ha de) formar part d'un procés d'investigació, i en la ciència experta és un procediment bàsic per conèixer les dades o les interpretacions que uns altres investigadors han generat sobre els fenòmens que s'estan estudiant. Tanmateix, la investigació escolar no pot reduir-se a la cerca i a la gestió de la informació. Des del nostre punt de vista, s'hauria de limitar la cerca d'informació als moments que sigui necessari i que poden ser, en paral·lel al que passa en la ciència experta, quan els infants necessiten conèixer més dades o quan volen saber quines altres interpretacions s'han fet sobre els problemes que s'estan investigant. En aquest sentit, avui per avui, la ciència escolar no disposa de cap instrument didàctic que faci la mateixa funció que les revistes científiques fan en la ciència experta.

Retornem al valor de les preguntes investigables. Quan n'apareixen a l'aula, el professorat hauria de procurar no respondre-les encara que en conegués les respostes, perquè es tracta de preguntes que, per la naturalesa que tenen, condueixen a dissenyar accions i a aplicar processos com ara observar i experimentar, recollir dades, etc., que és el que ens interessarà de promoure. El problema és que, la majoria de vegades, els nens i nenes, i també les persones adultes, formulen un tipus de preguntes que no podem considerar directament com a investigables i que caldrà aprendre a transformar. De seguida ens fixarem en un exemple d'aquesta situació, però abans hem de fer algunes consideracions generals sobre les preguntes investigables en ciència.

Genèricament, en la ciència experta, podem dir que hi ha dos grans tipus de preguntes: les preguntes del *què* i les preguntes del *com*. Les preguntes del *què* són les que condueixen a explicar com és un objecte, un material o un organisme, o com té lloc un fenomen determinat. Són preguntes descriptives i, en una investigació (i en la història d'una disciplina científica), és imprescindible que n'hi hagi, perquè són les que permeten establir com són les coses i com passen. Al seu torn, les preguntes del *com* serien les que condueixen a establir els mecanismes causals que expliquen un fenomen determinat, una característica d'un material o les característiques i les conductes d'un organisme. Moltes preguntes del *com* en realitat comencen amb el mot interrogatiu *per què*, ja que, en ciència, quan preguntem *per què?* ens solem referir a *com* té lloc un succés determinat, és a dir, a quin és el mecanisme que el provoca, la causa.

Referent a l'àmbit de la biologia, Mayr (1998) considera que hi ha dos tipus de preguntes del com –que ell anomena preguntes del *com* i preguntes del *per què*. Per Mayr, en biologia, les preguntes del *com* són aquelles que apel·len a causes immediates que es poden respondre a partir de proposar mecanismes bioquímics o fisiològics, mentre que les preguntes del *per què* apel·len a causes evolutives i es poden respondre explicant els avantatges adaptatius d'una característica o d'un comportament determinat en un organisme. Més endavant en veurem un exemple. Aquestes raons evolutives no es presenten en els fenòmens geològics, físics, químics o astronòmics, de manera que en aquests camps no existeixen preguntes del *per què* en el sentit que li dóna Mayr.

Tenint tot això en compte, anem a l'exemple que havíem anunciat:

Imaginem que, a diferents grups d'alumnes, se'ls donen pots per fer bombolles de sabó, se'ls demana que facin bombolles en diverses situacions que ells mateixos poden escollir i que tinguin cura d'anotar les observacions. Se'ls demana també que allò que els cridi més l'atenció ho intentin repetir de manera que puguin extreure alguns fets del conjunt d'observacions realitzades. A partir d'aquí, se'ls demana que es facin preguntes sobre els fets observats.

Al quadre 6 (a la pàgina següent),[16] s'hi poden veure alguns exemples dels tipus d'observacions i de preguntes que apareixen més sovint.

Com es pot veure, totes les preguntes comencen amb «Per què». De fet, és lògic que sigui així, perquè, quan tenim una observació clara o un fet que considerem constatat, el que volem saber és per què allò és com és o per què passa com passa, de manera que la majoria de preguntes que es generen en aquestes situacions són preguntes del *com*, encara que en la majoria de casos comencin amb la construcció interrogativa *per què*.

A l'activitat de les bombolles presentada ja es pretenia això, però en altres casos pot ser que el que es vulgui sigui recollir les preguntes dels alumnes, i sovint ens trobem amb la mateixa situació (quadre 7). Per què passa això? simplement perquè els alumnes pensen en fets que coneixen o en observacions viscudes i que tenen molt clares, encara que sovint es basin en molt poques experiències, i formulen altre cop les preguntes del *com* amb un *per què*. Com diu Wagensberg: «*Per què?* és la pregunta més flexible quan no se sap què preguntar [...] perquè és una pregunta d'urgència» (Wagensberg, 2006, p. 82).

A vegades s'ha dit que cal transformar algunes de les preguntes de l'alumnat (les que comencen amb *per què*) en preguntes investigables. Per exem-

16. Els exemples del quadre són extrets d'activitats portades a terme amb estudiants de magisteri, però que fàcilment es podrien reproduir en una aula de primària amb resultats molt similars.

Quadre 6. Preguntes formulades a partir d'observacions fetes amb bombolles

FETS OBSERVATS	PREGUNTES
S'ha enganxat una bombolla a la taula. Una bombolla ha rebotat sobre la taula i després ha explotat.	Per què la bombolla no explota quan toca la taula?
El fum es posa dins la bombolla.	Per què no explota quan es posa el fum dins la bombolla?
No en totes les bufades surt la mateixa quantitat de bombolles.	Per què la quantitat de bombolles sempre varia?
Podem ajuntar més de dues bombolles si les acompanyem amb una canya de beure.	Per què s'ajunten les bombolles?
Les bombolles són de colors. A les bombolles, s'hi reflecteixen colors. Com més petites són, més colors tenen.	Per què les bombolles són de colors?

Quadre 7. Preguntes inicials sobre el so (Nens i nenes de cicle mitjà. Col·legi Sant Miquel dels Sants. Vic)

- Per què un instrument de vent, si el bufes, fa música?
- Per què les ales dels ocells fan soroll?
- Per què les classes tan grans ressonen?
- Per què quan la classe és buida ressona tant i plena no ressona tant?
- Per què els ocells fan un so tan agut?
- Per què els fils del sostre fan que no ressoni la classe?
- Per què el so pot ser fort i fluix?
- Per què cada un dels animals fa un so concret?
- Per què quan ets dalt d'una muntanya, si parles, ressona?
- Per què hi ha sons aguts i sons greus?

ple: quan els nens i nenes observen que una gota d'aigua adopta una forma molt esfèrica quan la col·loquen a sobre d'una paella de tefló i es pregunten «Per què té aquesta forma?». Aquesta qüestió no és investigable, perquè no condueix a buscar dades, sinó a proposar mecanismes. Des de la didàctica, normalment es proposa que s'ajudi les alumnes i els alumnes a modificar aquesta pregunta i a canviar-la per una altra que sí que sigui investigable, com ara: «Totes les gotes, les posi on les posi, tenen sempre aquesta forma?». Aquesta segona pregunta certament és investigable, però, en respondre-la («No, de vegades no queda forma de gota, per exemple: quan l'hem posada damunt del paper o de la roba»), no estic contestant la pregunta original, que em demanava un mecanisme causal. Per això pensem que totes les preguntes que es poden considerar científiques –és a dir, aquelles que es poden respondre des de l'activitat científica– tenen una funció clara en la construcció de coneixement científic i, per tant, no cal transformar-les necessàriament.

Des del nostre punt de vista, el que cal és saber situar a cada moment la mena de pregunta adient en funció del que ens proposem de fer en aquell moment en el marc d'una certa investigació. Sí que cal fer adonar els nens i nenes que sovint salten massa ràpid a les preguntes del *com* (normalment, usant un *per què*) i potser el que convindria seria que es fessin més preguntes del *què*, per obtenir més dades que segurament al final els ajudaran a refinar les preguntes del *per què*. I això ens condueix a la tercera idea que volíem posar sobre la taula en relació amb les preguntes.

Un procés d'investigació, sigui entre experts o a l'aula, es pot concebre també com una successió de preguntes referides als dos àmbits que dèiem a l'inici –l'àmbit de les dades i dels fets i l'àmbit de les explicacions– i a la relació entre tots dos. Per això pot ser útil disposar d'estructures de pregunta per a cadascuna d'aquestes situacions, com es mostra al quadre 8.

La quarta i última idea sobre la qual volem insistir en relació amb les preguntes és que sempre cal procurar que estiguin connectades als elements clau del model teòric científic sobre el qual s'està investigant, perquè és molt important que, a més de ser motivadores per a l'alumnat, siguin significati-

Quadre 8. Exemples de preguntes segons els àmbits de l'activitat d'investigació

Preguntes de l'àmbit de les dades, els fets i les evidències	**Preguntes de l'àmbit de les explicacions i models teòrics**
▪ En què et bases per dir...? ▪ Què t'ha portat a pensar que...? ▪ Pots trobar una manera de...? ▪ Has observat que...? ▪ És el mateix X que Y? ▪ Com és? ▪ Com podries comprovar aquesta idea?	▪ Com explicaries que...? ▪ Què et sembla que passarà quan...? ▪ Com podries usar aquesta idea per explicar...? ▪ Què et sembla que produeix...? ▪ De què depèn que...? ▪ A quina funció pot servir...?

ves per al procés de construcció de coneixement científic. Per això cal que l'ensenyant sàpiga redirigir les preguntes dels infants cap a aquells elements centrals del model expert que, de mica en mica, es volen ajudar a construir. Un altre cop s'ha de tenir en compte que això és un procés gradual i que hi haurà moments en què aquest criteri ha de ser més exigent, i d'altres en què es podrà ser més flexible. Com a exemple, vegem el cas dels éssers vius.

En relació amb els problemes biològics, es pot considerar que les preguntes clau tenen a veure amb la distinció que hem fet més amunt sobre preguntes del *què*, del *com* i del *per què* (segons la consideració de Mayr) i, al mateix temps, tenen a veure amb una sèrie de conceptes clau: canvi, escala, interacció, composició i estructura, comparació, diversitat i variabilitat i relació entre estructura i funció. Als quadres 9 i 10, hi mostrem exemples de preguntes aplicades als éssers vius que segueixen aquests criteris.

Quadre 9. Preguntes del *què*, del *com* i del *per què* en el cas dels éssers vius

Joan Culí

TIPUS DE PREGUNTA	EXEMPLE	ACCIONS QUE CAL FER PER RESPONDRE-LA
Saber com és (*què*)	▪ Com és el bec de l'ànec coll-verd mascle?, i el de la femella? ▪ De quins colors és el mascle?, i la femella? ▪ Com tenen les potes?	Totes aquestes preguntes ens condueixen a observar i a descriure el que veiem.
Saber-ne les causes immediates (*com*)	▪ Per què el mascle és de colors i la femella no?	Ens portaria a buscar els mecanismes fisiològics que fan que les plomes del mascle tinguin uns pigments i les de la femella no.
Saber-ne les causes evolutives (*per què*)	▪ Per què el mascle és de colors i la femella no?	Ens portaria a buscar les raons que fan que la selecció natural hagi mantingut aquesta diferència de colors. Potser té a veure amb el camuflatge.

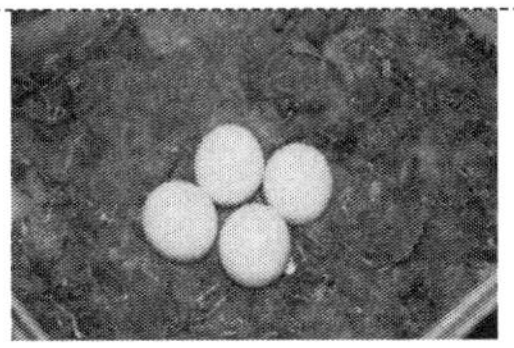

Ous de xot

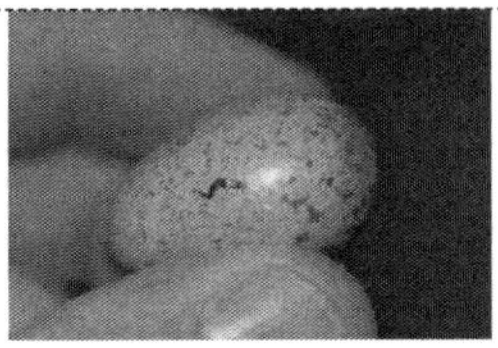
Ous de merla

TIPUS DE PREGUNTA	EXEMPLE	ACCIONS QUE CAL FER PER RESPONDRE-LA
Saber com és (*què*)	▪ Quant mesura aquest ou? ▪ Quina forma té? ▪ De quins colors és?	Totes aquestes preguntes ens condueixen a observar i a descriure el que veiem.
Saber-ne les causes immediates (*com*)	▪ Per què hi ha ous pigallats i d'altres que no en són?	Ens portaria a buscar els mecanismes fisiològics que fan que la closca dels ous tingui uns colors o uns altres.
Saber-ne les causes evolutives (*per què*)	▪ Per què hi ha ous pigallats i d'altres que no en són?	Ens portaria a buscar les raons que fan que la selecció natural hagi mantingut la diferència de colors entre diferents espècies d'ocells. Potser té a veure amb el camuflatge.

Dels exemples del quadre 9, és bo fixar-se que una mateixa pregunta –«Per què el mascle és de colors i la femella no?», o bé «Per què hi ha ous pigallats i d'altres que no en són?»– ens porta, segons com enfoquem la resposta, a dos tipus d'explicacions distintes, per a les quals haurem de mobilitzar conceptes i coneixements diferents, però també processos d'investigació diversos per comprovar les hipòtesis formulades.

En el cas de la pregunta «Per què hi ha ous pigallats i d'altres que no en són?»:

- Si la volem respondre des del *com*, aleshores hauríem d'investigar quins són els mecanismes que permeten que la closca de l'ou adquireixi color quan es forma i, hipotèticament, podríem imaginar que existeix alguna part de l'aparell reproductor de la gallina que fabrica algun tipus de pigment que impregna la closca. Això ens portaria a investigar si aquesta part realment existeix.

- Si, per contra, volem respondre la pregunta des del *per què*, aleshores hem de plantejar-nos la funció adaptativa que pot tenir un ou pigallat, i això ens pot portar a formular la hipòtesi que aquest tipus d'ous es camuflen millor i per tant costen més de veure. Una manera de posar a prova aquesta hipòtesi seria col·locar ous pigallats i no pigallats en entorns diferents (a terra, en un fons d'herba, etc.) i observar quins veiem amb més o menys facilitat. També podríem posar-la a prova observant (o cercant informació) si els ocells que ponen els ous directament a terra tenen els ous pigallats i, en canvi, els que fan nius tapats no.

Al quadre 10, s'hi proposen més exemples de preguntes, ara en base als conceptes clau que considerem que han d'orientar l'estudi i la comprensió dels éssers vius.

Resumint, quan es vol investigar un problema científic amb les alumnes i els alumnes, cal tenir clar que el sentit de la pregunta que es formula és el que determinarà els coneixements i els mètodes que s'hauran de fer servir en el desenvolupament de la investigació. D'aquí l'extraordinària importància d'analitzar bé amb els infants el significat i les demandes de les preguntes.

Fer conscients els nens i nenes de la importància de les preguntes és un dels continguts clau per aprendre ciències. Per això caldria assegurar-se que, al llarg del projecte curricular de l'àrea, no només apareguessin moltes preguntes, sinó que hi hagués espais específics en què es pogués reflexionar sobre la idoneïtat de cada tipus de pregunta. Només quan els nens i nenes hagin adquirit consciència i coneixements sobre el significat de les preguntes en una investigació, podran utilitzar-les correctament de manera autònoma. Fer bones preguntes no és fàcil, però se'n pot aprendre, i aquesta hauria de ser una prioritat de la formació personal dels mestres i les mestres.

Quadre 10. Preguntes derivades dels conceptes clau per estudiar els éssers vius

CONCEPTE	TIPUS DE PREGUNTES	EXEMPLES
Canvi	Preguntes que incideixen en el canvi com a procés biològic bàsic («Com era?», «Com serà?», «Sempre és igual?»).	▪ Sempre és igual la sang? ▪ Sempre creix igual de ràpid una planta? ▪ On passen l'hivern les orenetes? ▪ Què se'n fa de la galeta que he menjat per esmorzar?
Escala	Preguntes que fan saltar d'escala, cap allò més petit o cap allò més gran.	▪ Què hi ha dins la fulla? ▪ Què veuria si mirés la sang a la lupa? ▪ Amb qui més viu aquesta formiga?
Interacció	Preguntes que permeten construir relacions entre parts (per exemple: entre òrgans), entre organismes o entre un organisme i el medi.	▪ Amb qui es relaciona aquesta formiga? ▪ Quina relació hi ha entre la saliva i les ungles? ▪ Què pren la planta del seu entorn? ▪ Actuaran de manera diferent les dues aranyes si les posem en un terrari més petit?
Composició i estructura	Preguntes que permeten saber com són fetes les coses que veiem i com se n'organitzen les parts per formar estructures.	▪ Quines parts de la planta l'ajuden a créixer? ▪ De què està feta la sang? ▪ Com són les aletes dels peixos?
Comparació, diversitat i variabilitat	Preguntes que permeten veure semblances i diferències. Remarcar-ne la unitat i la diversitat.	▪ Tots els animals tenen sang? ▪ Tots els peixos neden igual? ▪ Es comuniquen igual els grills i les formigues? ▪ Què tenen en comú un grill i una aranya? ▪ Què distingeix aquests dos cargols? ▪ Creixeran igual totes aquestes llavors de mongetes?
Relació entre estructura i funció	Preguntes que porten a investigar la funció d'una estructura determinada o d'un comportament determinat	▪ Quina funció fa la sang? ▪ Per què criden els gaigs quan una persona entra al bosc? ▪ Com és feta l'arrel perquè hi pugui entrar l'aigua? ▪ Com és feta la tija perquè hi pugui circular l'aigua? ▪ Hi ha alguna relació entre la forma general del peix i la manera com es mou?

L'àmbit de les dades, els fets i les evidències

Veure és obrir la percepció,
mirar és fixar la vista,
observar és recrear la mirada,
experimentar és inventar una observació.
(Jorge Wagensberg)

L'activitat científica necessita dades, perquè la ciència es basa en el fet que tota explicació científica s'ha de basar, tard o d'hora, en evidències empíriques ben establertes i àmpliament acceptades per la comunitat científica. Així doncs, una part de l'activitat científica es dedica a obtenir dades que finalment es convertiran en fets, sobre els quals ens podrem preguntar: *per què?* o *com és que?* De vegades, però, l'activitat científica va en el sentit contrari i el que fa és buscar fets que actuïn com a proves (o evidències) de les hipòtesis o de les explicacions plantejades. Sigui com sigui, ens interessa distingir quatre conceptes importants: dada, fet, evidència o prova i explicació. Definim tot seguit els tres primers, perquè del quart en parlarem a l'apartat següent:

1. Una *dada* és la informació directa que s'obté d'un procés d'observació o d'experimentació, i és absolutament necessària per arribar al coneixement d'alguna cosa. Les dades poden ser qualitatives o quantitatives i constitueixen un element imprescindible de l'activitat científica.
2. Un *fet* es pot definir com una observació verificable i objectiva, fruit de l'anàlisi i/o la transformació d'unes dades. Quan una observació es dóna de manera repetida en unes condicions determinades, aleshores ens hi podem referir com a fet.
3. Els fets s'incorporen a les teories que els expliquen i és aleshores, quan tenim una teoria o un model explicatiu disponible per retre comptes d'aquell fet, que el fet es converteix en *prova o evidència* de la teoria proposada. Per tant, una *evidència* (o prova) és un fet explicat en el marc d'una teoria i que serveix per reforçar-la. Vegem tot això en un cas històric de la ciència experta, la proposta de la hipòtesi de la deriva continental que va fer Alfred Wegener a finals de la dècada dels anys deu:

> Vaig tenir la primera intuïció de la mobilitat continental (*hipòtesi explicació*) el 1910, quan, observant un mapamundi, em va impressionar la coincidència de les cos-

tes a totes dues bandes de l'Atlàntic (*dada fet*), però inicialment no vaig fer cas d'aquesta idea que em va semblar impossible. A la tardor de 1911 vaig conèixer, a través d'un treball de síntesi que em va caure a les mans per casualitat, els resultats paleontològics, per mi desconeguts fins aleshores, referents a les primitives connexions continentals entre el Brasil i l'Àfrica (*dada fet*). Això em portà a realitzar un examen atent dels resultats de les investigacions geològiques i paleontològiques (*dada fet*) referides a aquesta qüestió, investigacions que em van produir confirmacions tan importants que van fer arrelar el convenciment que eren bàsicament correctes.

És un fet singular i característic de fins a quin punt són incomplets els nostres coneixements actuals que s'arriba a resultats completament contraris respecte a les condicions de la Terra en el passat, segons si el problema s'aborda a partir d'aspectes biològics o geofísics. Així, els paleontòlegs, els zoòlegs i els botànics arriben una vegada i una altra a la conclusió que la majoria dels continents avui separats per amplis oceans havien de tenir en el passat connexions terrestres a través de les quals podien dur-se a terme sense impediments intercanvis de flora i fauna (*hipòtesi explicació*). Els paleontòlegs arribaren a aquesta conclusió en trobar moltes espècies idèntiques que, segons es podia demostrar, havien viscut en el passat a tots dos costats de l'oceà, la contemporaneïtat de les quals feia impensable orígens separats en llocs diferents (*dada fet*). Al mateix resultat arriben les investigacions sobre els animals i les plantes actuals. El parentiu de flora i fauna actuals porta a la conclusió que aquestes faunes i flores van ser idèntiques en el passat (*dada fet*) i, per tant, que hi ha d'haver hagut un intercanvi que només es pot imaginar tenint en compte l'existència d'una connexió terrestre molt extensa (*hipòtesi explicació*). Només després del trencament d'aquesta connexió es van separar les flores i faunes en les espècies actuals (*hipòtesi explicació*). Per això no és exagerat dir que el desenvolupament global de la vida a la Terra i les relacions entre els organismes actuals en continents molt separats serien sempre un enigma irresoluble si no acceptéssim aquestes antigues connexions terrestres.

Fins aquí, però, s'hauria admès com a evident que les masses continentals haurien conservat de manera immutable la seva posició relativa al llarg de tota la història de la Terra, de manera que no queda cap més solució que acceptar que les connexions terrestres proposades, que van permetre els intercanvis de flora i fauna, van enfonsar-se sota el nivell del mar, per formar els fons dels mars intercontinentals profunds (*predicció derivada de la hipòtesi*). Tanmateix, els geofísics opinen que això és impossible d'acord amb la teoria de la isostàsia (*model teòric de referència*), per tant, és impossible interpretar les conques marines actuals com a ponts continentals enfonsats (*evidència en base a teoria*). Els geofísics, per tant, opinen que els continents no s'han mogut mai (*hipòtesi explicació*), però obliden el postulat sobre antigues connexions continentals derivat de la teoria de la propagació de flores i faunes a través de ponts intercontinentals.

Aleshores, quina és la veritat? La Terra no pot tenir més d'un rostre a la vegada. Hi hagué ponts continentals o bé els continents sempre van estar separats per profunds oceans? D'una banda, és impossible rebutjar la reivindicació sobre les antigues connexions terrestres si no volem renunciar completament al desenvolupament de la vida a la Terra. Però és igualment impossible refusar els arguments que utilitzen els partidaris de la teoria de la permanència per rebutjar els ponts intercontinentals enfonsats. Evidentment, només queda una possibilitat: hi ha d'haver algun error ocult en les suposicions preses com a evidents.

Aquest és el punt de partida de la teoria mobilista o teoria de la deriva. La suposició, presa com a evident tant pels estudiosos de la flora i de la fauna com pels geofísics, que la posició relativa dels blocs continentals no ha canviat, ha de ser falsa: els continents s'han d'haver mogut (*nova hipòtesi explicació*).

Si prenem la teoria de la deriva com a base, podem satisfer tots els requisits legítims, tant de la teoria dels ponts continentals, proposada pels paleontòlegs, com de la teoria de la permanència, proposada pels geofísics (*fets que ara actuen com a evidències per a una nova hipòtesi*). Concretament, vol dir que hi va haver connexions entre els continents que actualment estan separats, però no per ponts intercontinentals que després es van enfonsar; i que hi ha permanència, però no de cada oceà o continent individual, sinó de l'àrea dels continents i de l'àrea de les conques marines en conjunt.

(Adaptat del llibre d'A. Wegener. *El origen de los continentes y océanos.* Pirámide. Madrid, 1983.)

A l'exemple anterior, s'hi pot veure que no hi ha una correlació simple entre els fets i les seves explicacions, perquè en ciència molt sovint es dóna el cas que un mateix fet s'explica des d'hipòtesis teòriques diferents (Duschl, 1997). És important adonar-se d'això, perquè també és bo que circulin per l'aula idees diferents per explicar un mateix fet, si el que es vol és crear un clima real d'investigació. En el desenvolupament de l'argument que fa l'autor es veu com anem de les dades, els fets i les evidències a les hipòtesis i viceversa. I també es pot veure com hi ha fets ben establerts empíricament o teòricament, mentre que d'altres s'expliquen només amb alguns models teòrics, mentre que amb d'altres models queden inexplicats.

Des de fa molt de temps, una bona part de l'activitat científica escolar que es fa a l'educació primària (quan n'hi ha), se centra sobretot en l'àmbit de les dades i els fets. D'una banda, això és lògic i esperable, perquè per explicar calen fets i, per tant, cal tenir una àmplia base de fets que permeti preguntar-se sobre mecanismes i així construir bones explicacions. El que passa és que, quan els nens i nenes són davant d'un fet que consideren ben establert, de seguida es pregunten per què succeeix. Com veurem amb més detall als capítols següents, els infants, des de molt petits, tenen teories intuïtives i implícites que els permeten explicar molts fenòmens, de manera que, si no es presta atenció a com construeixen llurs explicacions sobre uns fets determinats, probablement el que passarà serà que usaran el seu coneixement intuïtiu per respondre i, normalment, aquest és lluny dels models de la ciència experta que pretenem que aprenguin.

Així doncs, malgrat que és imprescindible que la ciència escolar generi dades i estableixi fets a través de la pròpia investigació de l'alumnat, també és important que, paral·lelament, es presti atenció a com els nens i nenes van construint explicacions progressivament sobre aquests fets.

Un cop assenyalat aquest punt, aclarit el sentit que donem als termes *dada, fet, evidència* i *explicació*, i vistes les relacions complexes que s'estableixen entre ells, dedicarem la resta de l'apartat a parlar de l'obtenció de dades i l'establiment de fets. D'acord amb el que hem il·lustrat al quadre 4 (pàgina 41), l'àmbit de les dades i dels fets es pot articular al voltant de tres grans processos: planificar i portar a terme accions per obtenir dades, analitzar dades i establir conclusions. Les dues maneres més característiques d'obtenir dades les trobem a través de l'observació i de l'experimentació. Així doncs, dedicarem els dos apartats propers a cadascun d'aquests processos; un tercer, a l'anàlisi de dades i a l'extracció de conclusions; el quart, a l'avaluació i a la revisió de dades i evidències, i el cinquè i últim, a resumir les aportacions de la recerca sobre les habilitats d'investigació dels infants.

Observar

En última instància, qualsevol recollida de dades implica un procés d'observació. Tanmateix, observar científicament no és una simple activitat perceptiva, sinó que és una activitat mental més complexa condicionada per les idees i les expectatives que té qui observa (Pujol, 2003). Com diu la citació de Wagensberg que encapçala l'apartat: «Observar és recrear la mirada», és a dir, observar és mirar amb atenció (i amb intenció).

Com es poden plantejar les observacions a l'escola? Moltes vegades, el que les mestres i els mestres fan és plantejar observacions lliures, molt obertes. Aquest tipus d'observacions poden ser molt profitoses si van acompanyades de la demanda de plantejar-se interrogants sobre el que s'ha observat o de relacionar el que s'ha observat amb coneixements que l'alumnat ja tenia. Discutir posteriorment amb el grup classe les observacions fetes i els interrogants plantejats pot conduir a centrar l'atenció en algun aspecte concret sobre el qual pot ser que es decideixi explorar més a fons. Aquesta dinàmica és molt útil per a fenòmens que es donen en períodes de temps llargs. Per exemple: quan es disposa d'un terrari o d'un aquari amb animals, difícilment passaran coses interessants el dia que «oficialment» decidim observar-los. Per contra, si els infants tenen un lloc on poden anotar les seves observacions, ja sigui en una llibreta de ciències o en un mural en blanc al costat del terrari o l'aquari, a la qual cadascú contribueix al llarg del temps, pot ser que, al final d'un cert període, disposem d'un seguit d'observacions que ens permetin generar una investigació més específica (vegeu el quadre 10, pàgina 53).

Malgrat que parlem d'observació lliure, hem de tenir en compte que una observació mai no és completament objectiva i, tot i que una observació lliure permet que l'alumnat actuï de manera més espontània, normalment es fixarà més en allò que és rellevant des del seu propi coneixement, que no ha de coincidir pas amb allò que és important des del punt de vista científic. Per això s'ha afirmat que «si s'observa sense un marc de referència establert, és difícil reconèixer les variables més significatives des del punt de vista científic i és fàcil fixar-se en aspectes irrellevants per a la construcció de pensament científic» (Pujol, 2003, p. 121). Així doncs, l'observació lliure té avantatges, però també té inconvenients.

En altres moments, l'observació serà conseqüència de voler comprovar una predicció que deriva d'una hipòtesi. En aquest cas, l'observació té la finalitat de comprovar, és a dir, de convertir el fet obtingut en evidència o prova –a favor o en contra de la nostra hipòtesi. En aquests casos, l'observació haurà de ser més guiada i caldrà determinar unes pautes d'observació que, tant si les proposa el mestre com el propi alumnat, serviran per decidir què cal observar i com cal observar-ho, i seran conseqüència de la predicció que s'hagi formulat. Així, per exemple, es pot comprovar empíricament que «les formigues recluten més individus quan el menjar que han de transportar pesa més» observant què passa amb el nombre de formigues que transporten el menjar quan, davant d'un formiguer, col·loquem dos fragments de menjar de pesos diferents.

En altres casos, en què no necessàriament estem posant a prova una hipòtesi, sinó que volem descriure una entitat o un fenomen determinat, les pautes sobre què cal observar seran donades per les preguntes que ens fem i que seran sempre preguntes del tipus *què*. Per exemple: «Quin color té?», «Quina forma té?», «Quantes llavors hi ha en aquest fruit?», «Quantes potes té aquest insecte?», «És molt dura aquesta fusta?», «Aquest material, és flexible o és rígid?», etc.

Algunes vegades, les dades que es volen recollir a través d'una observació requeriran saber com cal observar, i per això les mestres i els mestres hauran de proporcionar a l'alumnat algunes tècniques d'observació. Al quadre 11, s'hi mostra un exemple de tècniques d'observació relacionades amb la investigació del comportament dels petits animals invertebrats del pati de l'escola o del terrari de l'aula (Dawkins, 2007; Del-Claro, 2010).

Els nens i nenes solen observar i explicar a la vegada. Això passa sovint, encara que no exclusivament, quan observen el comportament d'organismes vius. Per exemple, quan un nen diu: «La formiga reina fa dies que està quieta perquè està sola i trista», però també seria el cas que es dóna quan una nena diu: «El globus s'ha inflat perquè l'aire fa pressió». En tots dos exem-

Quadre 11. Tècniques d'observació i registre del comportament animal

Imaginem que tenim grills al terrari de la classe i que volem saber-ne coses en relació amb la manera com ocupen l'espai i com es comporten. Hi ha dues tècniques de recollida de dades que ens hi poden ajudar.

1. **Confecció d'un etograma**
   Un etograma és el registre del comportament d'un animal, o d'un grup d'animals, en un interval de temps determinat. Per fer-lo, primer cal establir una sèrie de categories d'observació de la conducta dels animals que estem estudiant (menja, reposa, camina, explora, etc.). Amb aquestes categories ben clares, el que cal fer és un registre de les vegades que cadascuna apareix en un cert interval de temps.
2. **Mostreig d'ocupació de l'espai**
   En aquest cas, es tracta d'una tècnica que es pot usar quan es vulgui estudiar l'ocupació de l'espai d'un animal o d'un grup d'animals. Cal disposar d'un plànol o croquis de l'espai que ocupen els animals (terrari, aire lliure). Sobre el plànol, s'hi marca la posició de cada individu a intervals de temps de, per exemple, dos minuts.

En tots dos casos, pot ser útil marcar els animals d'alguna manera (sense fer-los mal ni posar-los en perill), per tal de facilitar-ne la identificació.

ples, fins abans del *perquè*, el que fan els infants és enunciar una observació, però darrere del *perquè* infereixen, és a dir, treuen una conseqüència de l'observació. És important que els nens i nenes aprenguin a distingir una cosa de l'altra, perquè les observacions són normalment objectivables –podem posar-nos d'acord en el que veiem–, en canvi, les inferències, o les explicacions, són interpretacions, i no sempre diferents persones expliquen un fet de la mateixa manera.

Justament, la història de les idees científiques és la història de com podem explicar un fenomen determinat de manera més convincent. Les nostres creences i coneixements influeixen tant en l'observació com en la inferència, de manera que una norma important que caldria establir en una aula de ciències és que cal posar-se d'acord en què s'observa, però cal respectar, almenys inicialment, que hi hagi maneres diferents d'interpretar una mateixa observació. Les explicacions dels nens i nenes no són bones perquè siguin seves, sinó perquè expliquen més o menys bé una observació determinada. En el raonament científic, distingir les observacions de les inferències i situar-les cadascuna al seu lloc és molt important, i es tracta d'una habilitat que també ens serà molt útil per a moltes situacions quotidianes en què també es confonen observacions i inferències.

El desenvolupament de la capacitat d'observació dels nens i nenes passa sobretot perquè aprenguin de manera progressiva a seleccionar el que és rellevant del que no ho és tant en el transcurs de l'exploració d'un objecte o d'un fenomen determinat, i per això és imprescindible el suport del professorat, perquè els ajudi a planificar les seves observacions (Harlen, 1998). Com hem dit més amunt, en una observació científica no tot allò que es veu és interessant. No té gaire sentit, per exemple, que, quan s'observa, o es dibuixa, una roca, els infants es fixin en la forma o la mida que té, perquè si trenquen la roca i la fan més petita, en canviarà la mida i la forma, però l'important d'observar per *entendre* la roca continuarà igual (color, textura, presència de minerals o de sediments, etc.).

De l'estudi de les maneres d'observar dels infants hem après algunes coses que caldrà que els mestres i les mestres tinguin en compte. Així, per exemple, les criatures més petites solen entretenir-se més en les característiques que els criden més l'atenció que no pas en els detalls, en les diferències més que no pas en les semblances, en allò que canvia més que no pas en allò que es manté sense canvis. D'altra banda, quan l'observació es fa en relació amb alguna idea o predicció prèvia, sovint busquen la confirmació de les seves idees, en lloc de tenir una perspectiva oberta i utilitzar tota l'evidència disponible (Chinn i Malhotra, 2002). De manera espontània, rarament repeteixen les observacions o les mesures que han realitzat, ni tampoc prenen nota de les observacions fetes (Garcia-Milà i Andersen, 2007).

Tots aquests hàbits observacionals espontanis dels infants poden ser reconduïts de mica en mica pel professorat a partir de preguntes i de tasques que els condueixin a observar els detalls, a fixar l'atenció també en allò que potser ha canviat i a detectar les diferències al mateix temps que les semblances, subratllant que la detecció de semblances és una característica molt important del pensament científic. També els podem donar suport fent-los revisar les seves prediccions i ajudant-los a veure quan estan forçant que una observació sigui compatible amb les expectatives que tenen.

Un instrument didàctic molt interessant, i poc utilitzat al nostre país, són les *llibretes de ciències*, que actuen com a registres oberts que acompanyen les investigacions dels nens i les nenes (Klentschy, 2008; Segalés i altres, 2011) (quadre 12).

Experimentar

«Experimentar» és un terme genèric que, en l'àmbit educatiu, s'associa a l'acció de manipular. En l'ensenyament de les ciències, també li podem atribuir aquesta connotació manipulativa, però tenint en compte que, en aquest cas, la manipulació té com a objectiu explícit l'obtenció de dades

Quadre 12. Exemples de llibreta de ciències (Cicle superior d'educació primària. Escola Andersen. Vic)

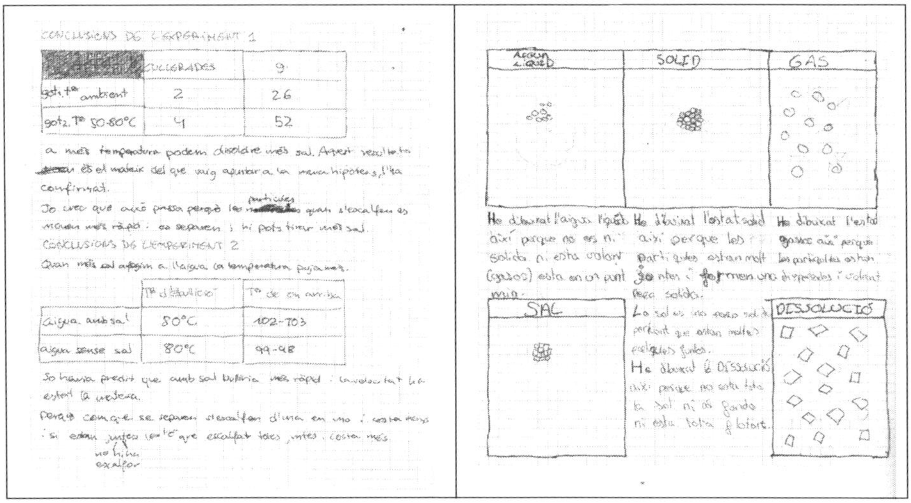

sobre el comportament d'un objecte o organisme o d'un fenomen. Com diu la citació de Wagensberg que hi ha al començament d'aquest apartat: «Experimentar és inventar una observació». Per tant, l'experimentació científica sempre és una intervenció al món que persegueix uns objectius explícits. Ja no esperem que, contemplant-lo, el món ens digui coses, sinó que, provocant-lo, el forcem a donar-nos respostes. L'experimentació científica és més sistemàtica que la manipulació oberta, i normalment respon a una intenció concreta, a una certa intuïció de com ha de passar una cosa.

L'experimentació científica comporta una certa planificació que especifica la definició de l'objectiu, la concreció del tipus d'informació que s'espera obtenir de l'experiment, els passos que cal seguir per obtenir-la, el material que es necessitarà, etc. Els experiments científics, per tant, sempre s'han de dissenyar i planificar, perquè en una investigació serveixin per comprovar una hipòtesi determinada. Com recordava Darwin: «Que estrany és que ningú vegi que tota observació [o experiment, hi podríem afegir nosaltres] es fa a favor o en contra d'una hipòtesi determinada, si és que ha de servir d'alguna cosa!» (citat a Gould, 1999). Aquesta també hauria de ser la funció dels experiments a la ciència escolar. A la llarga, els infants haurien d'aprendre a vincular un disseny experimental proposat per ells mateixos a una hipòtesi o predicció que també han formulat ells mateixos.

Igual que en el cas de l'observació, la manipulació lliure de materials pot ser una pràctica molt profitosa per familiaritzar-se amb certs objectes, organismes o fenòmens. Així doncs, en un projecte de centre caldria dedicar un temps a la manipulació oberta dels materials per, de mica en mica, anar experimentant de manera més guiada mentre, simultàniament, s'ajuda a entendre el sentit que té l'experimentació en ciències. Això permetria, finalment, deixar que les alumnes i els alumnes experimentessin de manera més autònoma i científicament més autèntica. Aquesta seqüència es pot correspondre amb uns intervals d'edat, però sempre dependrà del grau de familiaritat que els nens i les nenes tinguin amb els tipus de fenòmens que es proposin per estudiar. Per tant, no tota la manipulació lliure i oberta s'ha de reservar per a l'educació infantil. Així, per exemple, si es considera que els infants tenen poca experiència sistemàtica amb algun fenomen (so, calor, magnetisme, electricitat, etc.), caldrà donar un temps de manipulació més oberta per familiaritzar-se amb el fenomen, sigui al curs que sigui.

A la ciència que fem a l'escola, la funció principal d'un experiment no hauria de ser simplement cridar l'atenció dels infants (com sovint passa en els museus o en alguns programes televisius). A l'escola, els experiments haurien de tenir un altre sentit (Izquierdo i altres, 1999*b*), bàsicament perquè, a l'escola, els infants hi van a aprendre ciència, a la vegada que aprenen a fer ciència i a aprendre sobre la ciència, i això l'escola sempre ho farà millor que la televisió i els museus.

D'experiments, n'hi ha de molt simples i de molt sofisticats, i normalment els selecciona el professorat, tot i que, amb l'entrenament corresponent, els nens i nenes poden proposar experiments molt interessants. En qualsevol cas, el professorat haurà de tenir alguns criteris per seleccionar quins experiments són més adequats en un moment determinat. Appleton (2002) ha estudiat com el professorat selecciona les activitats que acaba portant a l'aula i ha vist que, normalment, usa el que ell anomena *activities that work* (activitats que funcionen) i que, en termes generals, responen a les característiques següents: una activitat que funciona ensenya allò que es vol ensenyar, el coneixement científic necessari és ben conegut per l'ensenyant, implica activament els estudiants i la troben divertida, comporta una gestió de l'aula manejable, té un resultat previsible i conegut per l'ensenyant.

Creiem que aquests criteris no són suficients a l'hora d'escollir entre la immensa varietat de receptes experimentals que un mestre o una mestra pot trobar fàcilment, tant en llibres (Ramiro, 2010), com a través de la web, per això proposem d'afegir-hi dos criteris més:

1. Que siguin significatius per al model teòric científic que es vol explicar.
2. Que les dades i els fets que se n'obtinguin puguin ser interpretats pels nens i nenes usant el seu coneixement previ.

Això segon és molt important, perquè no es tracta que l'explicació dels resultats de l'experiment la faci l'ensenyant, sinó que han de ser els propis alumnes qui la pensin, de manera que no tots els experiments seran igualment útils plantejats en un moment o altre. Per exemple: l'experiment de l'espelma que s'explica més endavant (pàgina 82) es pot fer a qualsevol curs de primària, però en cada cas es pot aprofitar per treballar uns conceptes teòrics o uns altres.

Potser algunes vegades les mestres i els mestres cometem l'error de pensar que, com que per a nosaltres el resultat és fàcilment interpretable, també ho serà per als alumnes (o al revés, pensar que, com que nosaltres no l'entenem prou bé, els nens i nenes segur que no el podran interpretar). Els experiments mai no són evidents en ells mateixos, ni s'expliquen per ells tots sols. Els experiments ens mostren fets que cal interpretar. Per això és millor pensar que l'important és que els infants en facin la interpretació partint de les seves teories intuïtives, i que justament els comentaris que els nens i nenes facin sobre els resultats dels experiments seran finestres obertes al contingut de les seves teories.

També cal que les mestres i els mestres escullin bé les experiències, en el sentit que sàpiguen relacionar-les amb els models explicatius correspo-nents, perquè, en última instància, els fets obtinguts a través dels experi-ments sempre són explicats amb l'ús de pocs conceptes i models explicatius. De fet, aquest és el gran potencial del coneixement científic, i això és el que els infants haurien de descobrir: molts fets aparentment diferents i un model explicatiu per a tot (quadre 13).

Hi ha certs tipus d'experiments que ens els plantegem per constatar i comparar què passa en situacions en què actua (o no actua) un factor de-terminat, de manera que el que es persegueix finalment és determinar si aquest factor té alguna influència en els resultats que s'observen. En aquests

Quadre 13. Relació d'observacions i/o de fets experimentals amb conceptes i/o models teòrics

FETS	CONCEPTES I/O MODELS TEÒRICS
▪ Volcans. ▪ Formació de serralades muntanyenques. ▪ Terratrèmols. ▪ Obertura dels oceans.	▪ Teoria de la tectònica de plaques.
▪ Dimorfisme sexual. ▪ Conductes de mimetisme. ▪ Conductes de distracció davant d'un predador.	▪ Model teòric de la relació entre cost i benefici. ▪ Conceptes d'adaptació i de selecció natural.
▪ Formació de bombolles de sabó. ▪ Forma de les gotes d'aigua en superfícies diferents. ▪ Evaporació de l'aigua. ▪ Transmissió del so. ▪ Dissolució de sucre en aigua. ▪ Diferències de propietats de sòlids, líquids i gasos.	▪ Teoria corpuscular de la matèria.

casos, per considerar que l'experiment està ben plantejat, és molt important controlar totes les variables que, en principi, creiem que poden influir en el fenomen estudiat. És el que s'anomena *disseny experimental amb control de variables*, en el qual ens estendrem a continuació, atès que es tracta d'un tipus concret de disseny experimental que, d'una banda, és molt habitual com a model d'experimentació a l'aula (Martins, 2002) i, d'altra banda, ha centrat l'interès d'alguns estudis recents sobre les habilitats de raonament científic dels infants (Klahr i Li, 2005; Toth, Klahr i Chen, 2000).

El disseny experimental amb control de variables

Imaginem les preguntes següents: «La temperatura afecta la capacitat del sucre de dissoldre's en aigua?», «El pes té a veure amb el fet que un objecte sòlid suri en un líquid?», «Canvia el comportament d'un grill quan està sol o quan està amb altres grills?», «Es tornen més agressives les aranyes quan disposen de menys espai per viure juntes?». Per tots aquests casos, i molts més de similars, pot servir planificar un disseny experimental amb control de variables (DECV).

El DECV és una estratègia d'experimentació que caldrà utilitzar quan l'objectiu que es persegueix és establir si hi ha, o no, una possible relació entre dues variables. En les preguntes investigables anteriors, per exemple, es planteja si hi ha relació entre la temperatura i la dissolució, entre el pes i la flotabilitat, entre el comportament dels grills quan viuen sols o quan viuen en grup o en l'agressivitat de les aranyes quan se'n redueix l'espai vital.

En un DECV, s'hi canvien els valors d'una sola variable i s'hi observen els efectes d'aquests canvis en l'altra variable, assegurant-se de mantenir, sense modificar, tots els altres factors[17] que poden influir en el fenomen estudiat. Es fa així perquè els resultats obtinguts ens han de permetre excloure possibles hipòtesis competidores. Per a l'educació primària es proposa que el control de les variables sigui senzill, com també que els instruments d'observació i mesura implicats siguin fàcils d'utilitzar pel propi alumnat, de la manera més autònoma possible.

Per dissenyar correctament un DECV, cal tenir clar que hi intervenen tres tipus de variables que s'hauran d'aprendre a identificar i distingir:

---

17. Usem indistintament els termes «factor» o «variable».

- En primer lloc, hi ha la *variable independent*, que és la que escollim per investigar i que l'investigador modifica de manera controlada. Es pot identificar responent a la pregunta: «Què canvio en aquest experiment?».
- En segon lloc, hi ha la *variable dependent*, que és la variable que mesuro (si és una variable quantitativa) o observo (si és una variable qualitativa) i que la puc identificar responent la pregunta: «Què observo o què mesuro en aquest experiment?».
- Finalment, hi ha les *variables de control*, que són totes les altres variables que sabem (o pensem) que poden afectar el resultat i que s'hauran de mantenir constants en cada experiment. Es poden identificar amb la pregunta: «Quines variables no puc modificar?».

Perquè el resultat d'un DECV sigui concloent i correcte, cal tenir molta cura en el procés de control de les variables, perquè si aquest procés de control no es fa correctament, no podrem estar segurs que els resultats obtinguts es puguin atribuir *només* a la modificació de la variable independent. Per això, en el cas que alguna variable sigui difícil de controlar (o no es pugui controlar), és molt important assenyalar-ho a la planificació, per així tenir clares les possibles limitacions dels resultats obtinguts.

A continuació, es mostren dos exemples de DECV mal plantejats:

Exemple 1. La germinació de les llavors

Imaginem que estem investigant si la presència de llum afecta la germinació de les llavors de mongeta. Per això col·loquem llavors en dos pots amb cotó humit. L'un el situem prop de la finestra (condició *a*: presència de llum) i l'altre, dins d'un armari (condició *b*: no presència de llum).

Aquest disseny està mal plantejat, perquè no només modifiquem la variable presència de llum, sinó que, sense voler, també canviem les variables de temperatura i humitat (que sabem que afecten la germinació), perquè el pot que hi ha a la finestra estarà a una temperatura més elevada i s'assecarà més ràpid, que no pas el pot que hi ha a l'armari.

Podríem mantenir el mateix DECV proposat si anem en compte de controlar que les condicions de temperatura i humitat dels dos pots no siguin gaire diferents.

Exemple 2. La flotabilitat dels objectes

A vegades, s'experimenta si el pes afecta la flotabilitat dels objectes col·locant a l'aigua un objecte lleuger (un suro) i un objecte pesat (un metall). Aquest DECV és incorrecte, perquè, al mateix temps que variem el pes o la massa de l'objecte, també en variem el tipus de material.

Per saber amb seguretat si el pes o la massa afecta la flotabilitat d'un objecte, hauríem de comparar, d'una banda, fragments de suro de pesos diferents (veurem que tots suren) i, de l'altra, trossos de metall de pesos diferents (veurem que tots s'enfonsen). Si ho fem així, sí que podem afirmar que el pes no afecta la flotabilitat. De l'altra manera el resultat serà, erròniament, que el pes o la massa sí que afecta la capacitat que té un objecte de surar a l'aigua.

En aquest cas, a més, els resultats obtinguts d'un experiment mal plantejat confirmen, i reforcen, la idea compartida per molts nens i nenes que el pes (massa) sí que afecta la flotabilitat.

El quadre 14 mostra un exemple de com els nens i nenes poden recollir tota la informació necessària per planificar correctament un DECV d'una manera sistemàtica i ordenada.

Quadre 14. Què li passa a la dissolució del sucre quan en variem la temperatura?

Què en canviarem? (variable independent)	**Què n'observarem o en mesurarem? (variable dependent)**	**Què no en podem modificar? (variables de control)**
La temperatura.	Si el sucre es dissol o no es dissol.	▪ La quantitat de sucre. ▪ La quantitat d'aigua. ▪ El fet de remenar.
Com ho farem?	**Com ho farem?**	**Com ho farem?**
Compararem què passa a 20 °C i a 80 °C.	Esperarem cinc minuts i mirarem si hi ha granets de sucre al fons del got. Si hi ha tots els granets, direm que no s'ha dissolt; si només n'hi ha uns quants, direm que s'ha dissolt una mica, i si no n'hi ha cap, direm que s'ha dissolt tot el sucre.	En aquest experiment: Sempre farem servir 5 g de sucre en 250 ml d'aigua, sense remenar gens.

Modificat a partir de Martins i altres (2006)

Al quadre 15, s'hi esquematitzen amb més detall els passos bàsics que cal seguir en un DECV.

Quadre 15. Detall dels passos que cal seguir en un disseny experimental amb control de variables

1. Identificar les variables que es volen relacionar	
Identificar i seleccionar les variables independents i decidir quins valors i categories poden prendre. A través de la pregunta «De què depèn que...», es poden identificar les variables que els nens i nenes pensen que intervenen en un fenomen. Cadascuna de les variables es pot convertir en una variable independent. Un cop seleccionada una variable, cal decidir quins valors o categories usarem en l'experiment.	Per exemple: De què depèn que un objecte suri a l'aigua, del tipus de material, del tipus de líquid, de la quantitat de líquid, de la massa de l'objecte? Si fem que la variable independent sigui la massa, els valors que prendrem poden ser 5 g, 100 g i 250 g. Amb infants molt petits, es poden usar categories més qualitatives –poc, molt; lluny, a prop, etc.–, tot i que, de seguida que es pugui, serà millor usar dades quantitatives.
Identificar i seleccionar la variable dependent i pensar quins valors i categories pot prendre. Per identificar la variable dependent, cal pensar quins factors podem observar o mesurar quan modifiquem la variable independent. És important adonar-se que si s'utilitza la frase «De què depèn que...» ja s'està emmarcant un possible conjunt de variables dependents. En el cas que la variable dependent no es pugui mesurar, caldrà decidir les categories d'observació.	Per exemple: Si estudiem l'efecte de diferents variables sobre la formació d'una ombra, en podem observar o mesurar l'alçada, la nitidesa, etc. Si diem «De què depèn que un objecte sòlid suri o no suri damunt l'aigua?», ja estem indicant que la variable dependent haurà de ser alguna mesura de la flotabilitat. Com que la flotabilitat no es pot mesurar, haurem de proposar categories d'observació: *no sura* (quan l'objecte és al fons) *sura* (quan l'objecte està completament dins l'aigua però no al fons, o quan sura a la superfície, o just per sota).
Identificar les variables que controlarem i decidir quines accions caldrà portar a terme per controlar-les. Les variables de control són totes les variables que considerem que poden intervenir en el fenomen i que no s'han seleccionat com a variable independent de l'experiment en curs. Un cop identificades les variables que controlarem, caldrà pensar les accions que s'hauran de portar a terme per fer-ho.	Per exemple: En l'experiment sobre l'efecte de la temperatura en la dissolució presentat al quadre 14, per controlar les altres variables, faríem servir sempre 5 g de sucre, 250 ml d'aigua i no remenaríem gens.

2. Concretem l'experiment	
Escollim una variable independent i una variable dependent. Cal tenir en compte que es poden fer tants experiments com variables independents s'hagin identificat, perquè a cada experiment només es pot posar a prova una sola variable independent. La variable dependent també pot variar, però és millor que no es canviï en una bateria d'experiments similars, sobretot si cada experiment el fan grups d'alumnes diferents. Així, els resultats podran ser comparables.	Per exemple: En una investigació sobre dissolucions, es pot escollir com a variable independent la temperatura i com a variable dependent, la capacitat de dissolució, que s'estudiarà qualitativament a partir de l'observació de la presència de granets de sucre o de sal al fons del recipient quan hagin passat uns cinc minuts d'haver-los-hi tirat.
Formular la pregunta d'investigació. La pregunta delimitarà l'experiment concret que es portarà a terme i que deriva directament de les variables seleccionades. La pregunta d'investigació es pot formular a partir dels models proposats als exemples, tot i que, sempre que la pregunta inclogui totes dues variables, es pot considerar ben formulada.	Per exemple: ▪ **Què li passa a (*variable dependent*) quan modifiquem (*variable independent*)?** Per exemple: què li passa a la flotabilitat quan modifiquem la massa de l'objecte? ▪ **Com afecta (*variable independent*) que modifiquem (*variable dependent*)?** Per exemple: com afecta la flotabilitat que modifiquem la massa de l'objecte? ▪ **Quan canvio (*variable independent*), què li passa a (*variable dependent*)?** Per exemple: quan canvio la massa de l'objecte, què li passa a la flotabilitat? ▪ **Té algun efecte en (*variable dependent*) que modifiqui o canviï (*variable independent*)?** Per exemple: té algun efecte en el comportament de les aranyes que el terrari sigui més petit?

Un cop formulada la pregunta investigable i determinada la planificació general, els passos que cal seguir ja són comuns a uns altres tipus d'experimentacions. Així, s'haurà de seleccionar el material que farà falta; s'hauran de determinar les mesures de seguretat que caldrà tenir en compte a l'hora de manipular els materials; s'haurà de decidir com es recolliran les dades i com es representaran –és a dir, quin tipus de taules, gràfics, dibuixos, poden ser millors per recollir la informació–; s'hauran de recollir les dades tal com s'hagi decidit i amb el màxim de rigor possible, tot assenyalant, si escau, les dificultats amb què ens haguem trobat, i, finalment, s'hauran d'extreure resultats de les dades obtingudes mitjançant la identificació de patrons.

Com es pot veure, dissenyar un experiment comporta prendre moltes decisions, perquè un mateix experiment el podem fer de maneres diferents, ja sigui perquè agafem valors diversos per a les variables o perquè les condicions de les variables de control varien. Per això és important planificar bé. Tenir clar com s'han obtingut uns resultats determinats és tan important, o més, que els propis resultats.

Analitzar dades i establir conclusions

Un cop recollides una sèrie de dades a partir de l'observació o l'experimentació, caldrà analitzar-les i extreure'n conclusions.

Per poder analitzar les dades, primer caldrà reduir-les i/o ordenar-les d'alguna manera. Per això cal tenir en compte de quin tipus de dades es disposa, per tal d'escollir la manera adequada de representar-les. Així, si la variable és discreta o categòrica, és a dir, que només pot prendre alguns valors numèrics possibles, o que els seus valors no es poden expressar numèricament sinó amb categories (per exemple, sura o no sura, és nen o nena, etc.), aleshores s'hauran d'utilitzar taules de freqüències, diagrames de barres o diagrames de sectors. En canvi, per a les variables contínues, que poden prendre un nombre infinit de valors numèrics, es poden utilitzar els valors estadístics descriptius (mínim, màxim, mitjana, mediana, moda, etc.) i els histogrames.

L'anàlisi i la representació de les dades és un dels processos més importants de la investigació científica, tot i que, molt sovint, a l'escola no s'hi presta prou atenció. Estudis recents mostren com els infants s'impliquen amb una certa facilitat en aquests processos i tenen més habilitats de les que sospitàvem (Lehrer i Schauble, 2006).[18] Tot i que curricularment moltes de les eines necessàries per fer l'anàlisi i la representació de dades formen part dels continguts de l'àrea de matemàtiques, és bastant obvi que les investigacions que es

18. Recomanem molt especialment la lectura del llibre de Lehrer i Schauble (2006) sobre com es pot treballar amb els infants de primària l'obtenció, la representació i l'anàlisi de dades reals.

generen a l'àrea de coneixement del medi natural, social i cultural són el millor context per introduir els continguts matemàtics relacionats amb l'anàlisi de dades i, sense cap mena de dubte, prenen molt més sentit per a l'alumnat perquè s'introdueixen en un context real i quan de veritat es necessiten. Per tant, no hi ha cap motiu didàctic per no considerar «de ciències» tots els continguts relacionats amb l'anàlisi de dades. I més en el cas de l'educació primària, en què és habitual que una mateixa mestra imparteixi totes dues àrees.

Les taules i els gràfics (vegeu les imatges 1, 2 i 3) que ens serviran per ordenar les dades no tenen valor en ells mateixos, sinó que en tenen perquè són instruments que ajuden a llegir i a interpretar un conjunt de dades més fàcilment. No s'han de fer perquè toca, sinó perquè faciliten la lectura de les dades i l'extracció de conclusions. Alguns estudis basats en l'ús de les llibretes de ciències mostren que molt poques vegades els infants fan servir les taules i els gràfics de manera espontània (García-Milà i Andersen, 2007), tot i que, segons com es plantegin les activitats, millora molt la quantitat i el tipus d'anotacions que fan els nens i nenes a les seves llibretes de ciències (García-Milà, Andersen i Rojo, 2011).

Quan els nens i nenes ja coneixen com poden elaborar gràfics i usar-ne, podem implicar-los a expressar les seves prediccions fent servir aquest tipus de llenguatge. Tal com mostren els exemples del quadre 16, les relacions entre variables que proposen els infants són de caràcter lineal, és a dir, a més d'una variable més de l'altra (o a menys d'una variable menys de l'altra).

Imatge 1. Educació infantil. Escola La Muntanya. Aiguafreda

Imatge 2. Cicle inicial d'educació primària. Escola Jacint Verdaguer. Santa Eugènia de Berga

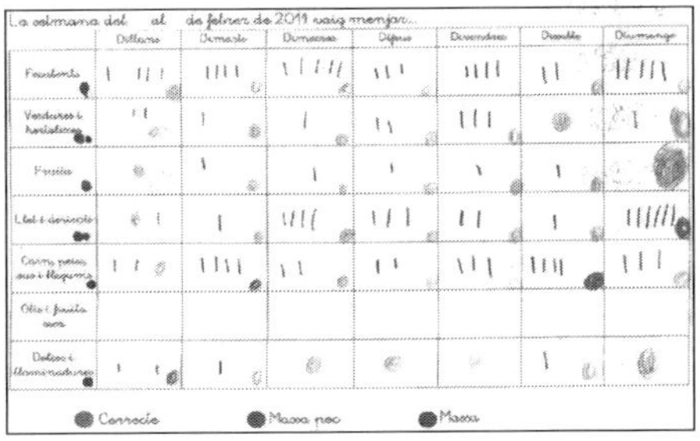

Imatge 3. Cicle superior d'educació primària. Escola Dr. Joaquim Salarich. Vic

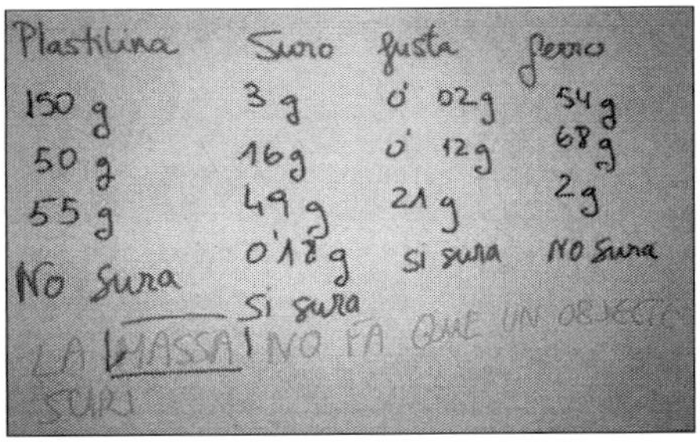

Quadre 16. Prediccions i resultats expressats usant gràfics

TEMES	PREDICCIÓ	RESULTAT
Cas 1. Ebullició de l'aigua.	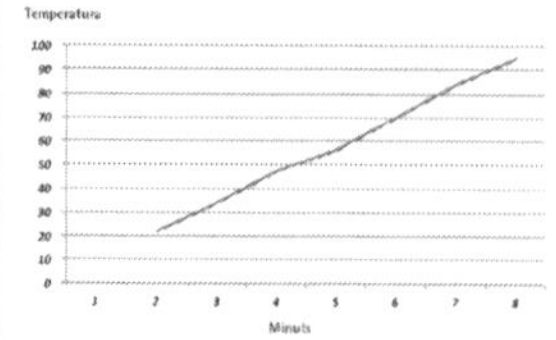	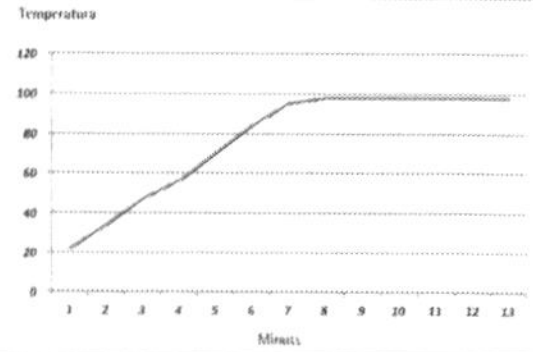
Cas 2. Variació del pes d'un ou durant el procés d'incubació.	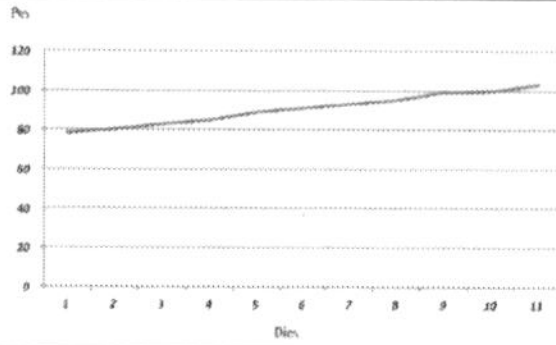	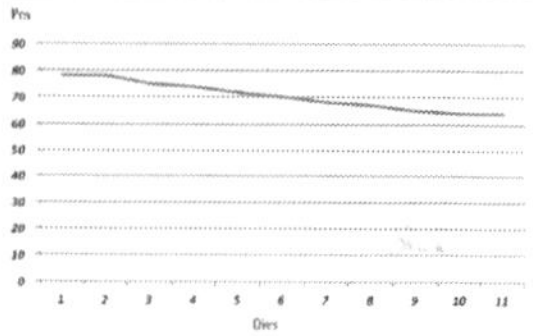

Aprendre a llegir un gràfic és important, perquè permet identificar un patró, és a dir, un cert tipus de relació entre dues variables. Els patrons entre variables poden ser molt diversos (lineals, exponencials, etc.) i més o menys complexos. És important ajudar l'alumnat a llegir-los bé en els gràfics i també ajudar-los a escriure'ls o a expressar-los oralment. Diverses estructures de frase que poden servir a aconseguir aquest objectiu són, per exemple:

- «Hem observat que a mesura que» (variació de la variable independent), «la» (variació de la variable dependent).

  Per exemple: «A mesura que la distància de la font de llum a l'objecte és més gran, la longitud de l'ombra es fa més curta».
- «Quan canvio» (variable independent), «aleshores» (comportament de la variable dependent).

  Per exemple: «Quan canvio la temperatura de l'aigua, aleshores el sucre no es desfà igual, o més precisament, quan augmento la temperatura de l'aigua, aleshores el sucre es desfà millor».

Les conclusions són les afirmacions que es poden fer a partir dels resultats obtinguts en un procés d'observació o d'experimentació, i la identificació de patrons és una manera de poder elaborar una conclusió. Un exemple de conclusió experimental seria:

> «La massa és un factor que no té a veure amb la flotabilitat d'un objecte, o, expressat d'una altra manera, la flotabilitat d'un objecte no depèn de la massa».

En aquesta fase de conclusions, és important que s'acostumi l'alumnat a assenyalar els possibles límits de la seva investigació, derivats, per exemple, de no haver pogut controlar bé totes les variables. Si més no, és important referir-se a les condicions en què s'ha fet l'experiment. Així, les afirmacions anteriors milloren si es canvien per les següents: «En base als resultats obtinguts en el nostre experiment, la massa és un factor que no té a veure amb la flotabilitat d'un objecte».

Betsy Rupp Fulwiler (2007) proposa una seqüència d'intervencions de la mestra per tal de donar suport a l'alumnat a l'hora d'escriure correctament les conclusions d'un experiment. Al quadre 17, n'adaptem un exemple a partir de la seva proposta original.

Quadre 17. Com es pot ajudar a escriure correctament les conclusions d'una experimentació

- La mestra *recorda la pregunta investigable inicial*, que era: «Com afecta la reducció de l'espai a l'agressivitat de les aranyes?».
- *Proposa una resposta general*: «Les aranyes es barallen més». En aquest moment, la mestra pot indicar que una manera de començar a respondre és usar algunes paraules que apareixen a la pregunta. En pot escriure un exemple a la pissarra: «Quan fem l'espai més petit, les aranyes es tornen més agressives».
- Assenyala que la conclusió estarà més ben escrita si l'acompanyem amb *evidències obtingudes a la investigació* que han fet i que tenen *registrades a la llibreta de ciències*. Escriu «per exemple» i explica que aquest terme servirà per introduir les evidències o les dades que han obtingut. Indica que les dades que apareixen en una conclusió només són una mostra i que no se solen incloure valors estranys o inconsistents amb la resta de dades. Demana algunes informacions als diferents grups i les aprofita per ensenyar un model de conclusió, que seria: «*per exemple*, en un terrari de 100 cm^2 hi ha hagut 10 trobades agressives».
- La mestra introdueix possibles *termes de contrast o d'oposició*, com ara «però», «en canvi», i explica que, per remarcar el contrast, s'hi pot afegir «només». En posa un exemple a partir de les dades obtingudes: «*En canvi*, en un terrari de 600 cm^2 *només* hi ha hagut 2 trobades agressives».
- La mestra explica que, només usant aquestes dades, ja n'hi ha prou per poder fer una afirmació. Explica la utilitat d'estructures com ara «Per això podem afirmar que...» o «Així doncs, podem afirmar que...», que serveixin per donar inici a l'afirmació final, que sempre es formularà de manera general, sense usar dades concretes (com ara: «Com més/menys..., més/menys»). Acaba d'escriure l'exemple: «*Per això, podem afirmar que com més petita* és la superfície del terrari, *més* trobades agressives hi ha entre les aranyes».

- L'*escrit complet* quedaria de la manera següent: «Com afecta la reducció de l'espai a l'agressivitat de les aranyes? Quan fem l'espai més petit, les aranyes es tornen més agressives. Per exemple, en un terrari de 100 cm^2 hi ha hagut 10 trobades agressives, en canvi, en un terrari de 600 cm^2 només hi ha hagut 2 trobades agressives. Per això, podem afirmar que com més petita és la superfície del terrari, més trobades agressives hi ha entre les aranyes».
- En alguns casos, s'hi pot afegir una *inferència* que proposi una causa com a punt final de la conclusió. En aquest cas, és útil fer servir l'estructura: «*Penso que això passa perquè*». Seguint l'exemple anterior, la inferència causal podria ser: «*Penso que això passa* perquè *les aranyes necessiten el seu territori per caçar i viuen soles, de manera que no volen cap altra aranya al seu territori*». El concepte de territorialitat vinculat a la conducta de les aranyes és l'element teòric que ajuda a construir la inferència.

Betsy Rupp Fulwiler (2007) proposa que tan sols les estructures textuals (i no tot l'exemple) estiguin en un lloc visible perquè l'alumnat les pugui fer servir. A mesura que els infants tenen experiència en la manera com poden escriure conclusions, molts d'aquests suports seran innecessaris, i els propis alumnes podran escriure d'una manera més autònoma les seves conclusions a la llibreta de ciències. Per això pot ser útil demanar-los: «De quina altra manera podries escriure això?».

Saltar a les conclusions no és el mateix que extreure conclusions. Els nens i nenes solen saltar massa ràpid a les conclusions a partir de proves excessivament limitades. Cal ajudar-los a ser conscients de la limitació de les proves de les quals es disposa i analitzar si s'estan proposant interpretacions que vagin més enllà de les proves disponibles.

L'extracció de conclusions, en canvi, és el final de tot un procés que probablement haurà tingut moments molt emocionants pels nens i nenes i, fins i tot, inquietants. Però l'extracció de conclusions no és simplement el final de l'activitat, sinó que constitueix un dels moments més importants, per això cal atorgar-li l'espai suficient en la planificació de la tasca que es pretengui dur a terme, com també un espai físic tranquil i adequat.

Les conclusions dels experiments són fets (o evidències), no models explicatius i, per tant, no expliquen per què allò que passa, passa d'aquella manera, sinó que ens diuen què és el que passa. Explicar teòricament els fets suposa moure's cap a l'àmbit de les explicacions, i d'això ens n'ocuparem més endavant.

Avaluar i revisar l'obtenció de dades i l'establiment d'evidències

Atès que la idea de competència científica comporta comprendre fins a un cert grau la naturalesa de la ciència, aleshores del que es tracta no és només d'implicar activament les alumnes i els alumnes en investigacions científiques, sinó que també és important ajudar-los a prendre consciència sobre el que estan fent i com ho estan fent. Aquesta activitat de caràcter regulador i metacognitiu no sempre es té en compte en planificar les activitats que es portaran a terme a l'aula, però és molt important per afavorir la concepció que els infants aniran desenvolupant sobre què és la ciència.

Un aspecte d'aquesta activitat metacognitiva és l'acció d'avaluar i revisar l'activitat que s'està portant a terme, en aquest cas, en relació amb l'obtenció de dades i l'establiment de fets. L'avaluació s'ha de dirigir a detectar i explicitar les possibles limitacions o els possibles errors que puguin haver sorgit en qualsevol de les diferents fases del procés d'observació o d'experimentació: el rigor en l'observació o la mesura, el control de variables, la representació dels resultats, la identificació del patró i l'establiment de la conclusió. Ser conscients de les fortaleses i de les limitacions de tots aquests processos ha de permetre comprendre millor la naturalesa del coneixement científic i concebre'l com un coneixement subjecte al rigor amb què s'hagi actuat en la realització de tot el conjunt de la investigació.

Al quadre 18, s'hi mostren algunes preguntes que poden ser útils per assolir aquesta finalitat, la majoria de les quals són extretes del treball de Metz (2004). Aniria bé que les alumnes i els alumnes adquirissin l'hàbit de fer-se aquestes preguntes per ells mateixos o unes altres de similars. Per

Quadre 18. Preguntes útils per avaluar els processos de gènesi de dades i conclusions (a partir de Metz, 2004)

- Què heu trobat? Fins a quin punt esteu segurs de...?
- Podeu proposar alguna manera d'estar més segurs dels resultants? Com us ajudaria, això que proposeu, a estar-ne més segurs?
- Quan els científics acaben un estudi, generalment pensen com podrien fer-lo millor. El vostre estudi està molt bé, però podríeu dir-me què es podria fer perquè encara fos millor? Per què el milloraria això que dieu?
- Els vostres resultants es podrien aplicar a unes altres situacions o només serveixen per a aquest cas?
- En què us sembla que la investigació que heu fet s'assembla a les dels científics?

això seria important que el professorat inclogués apartats explícits d'avaluació en la planificació dels dissenys experimentals que es fan a l'aula.

En l'estudi citat (Metz, 2004), l'autora implica dos grups de nens i nenes de primer i quart en el disseny i l'avaluació posterior de les seves pròpies investigacions sobre el comportament dels grills. L'estudi mostra clarament com, a través de les preguntes anteriors, els infants van ser capaços de prendre consciència de les limitacions de llurs pròpies recerques.

Totes les preguntes del quadre 18 contribueixen a fer la reflexió metacognitiva i això és molt important, perquè el que en el fons es persegueix no és l'aplicació mecànica de certes estratègies d'investigació, sinó la interiorització progressiva dels elements clau i de la lògica que hi ha darrere d'un procés d'investigació. Cal prestar atenció a aquest aspecte, perquè l'experiència mostra que la majoria de vegades, quan els nens i nenes expliquen què han fet, recorden molt més haver manipulat uns aparells que no pas haver comprès què vol dir investigar d'una manera científica. Per contra, quan se'ls proposa implicar-se en reflexions de caràcter epistemològic, és a dir, en reflexions sobre com es genera el coneixement, aleshores la visió que desenvolupen sobre la ciència arriba a ser molt més sofisticada (Smith i altres, 2000).

Les habilitats d'investigació dels nens i nenes: resultats de la recerca

Des de fa un temps, el desenvolupament de les habilitats d'investigació dels nens i nenes de primària ha cridat l'atenció d'alguns investigadors interessats en el desenvolupament del pensament científic dels infants (se'n pot consultar un bon resum a Zimmerman, 2007). La recerca en aquest àmbit ha aportat alguns resultats interessants que ressenyem a continuació. És a partir d'aquest tipus d'aportacions que cal dissenyar les propostes de treball a l'aula, si es vol que aquestes estiguin ben fonamentades.

Al quadre 19, s'hi presenta un resum dels estudis fets sobre les capacitats que mostren els nens i nenes en relació amb el disseny d'experiments.

Com ja s'ha comentat, les dades que s'obtenen en una investigació científica s'han de relacionar amb alguna teoria. L'objectiu de la ciència no és solament establir fets. La finalitat de la ciència és desenvolupar, progressivament, models teòrics que expliquin un conjunt d'evidències (per exemple: la teoria de la tectònica de plaques per explicar la deriva dels continents). Per això, una part de la recerca psicològica també s'ha dirigit a analitzar les habilitats que mostra l'alumnat en l'establiment de relacions entre teoria i evidència.

Quadre 19. Síntesi dels resultats dels estudis sobre les habilitats de l'alumnat en el disseny d'experiments

- Els nens i nenes tendeixen a proposar experiments sobre l'efecte de les variables que comprenen bé, a diferència de les persones adultes, que també exploren les variables que no comprenen tan bé.
- La percepció que els nens i nenes tenen de la finalitat de l'experimentació condiciona l'estratègia que usen. Pocs fan servir el control de variables de manera espontània. Per exemple, si els infants pensen que els científics fan experiments amb el propòsit de *provar per veure si funciona* i que la finalitat de la ciència és produir coses, aleshores sempre perseguiran l'obtenció de resultats positius, de manera que plantejaran l'experiment perquè doni el resultat que esperaven. Si el resultat esperat no apareix, aleshores solen interpretar que alguna cosa no ha sortit bé o no ha funcionat bé.
- Els infants solen tenir més dificultats a construir bons experiments de manera autònoma, que no pas a reconèixer quins estan ben fets o mal fets.
- Els nens i nenes, des dels 6 anys, poden comprendre què vol dir posar a prova una hipòtesi a través d'un experiment i també poden generar experiments correctes en situacions simples.
- Quan els nens i nenes tenen possibilitats repetides de practicar l'elaboració de DECV i aquesta pràctica és acompanyada de sessions dirigides a aprendre específicament aquest procediment, una majoria d'alumnes de cinquè aprenen a fer DECV de manera correcta i són capaços d'usar la tècnica al cap d'un temps que se'ls va ensenyar. Per facilitar que els nens i nenes siguin capaços de manera autònoma de fer un DECV, es recomana combinar l'ensenyament explícit de la lògica del DECV amb l'oferiment de moltes oportunitats per practicar. Cadascuna d'aquestes dues coses per separat ajuden menys a aprendre a fer DECV.
- Els nens i nenes més petits no solen ser conscients dels límits de la pròpia memòria i pensen poc en la manera com enregistraran i recuperaran posteriorment la informació, per això el costum de prendre notes millora el disseny experimental i la interpretació de les dades.

En aquest cas, les postures són discrepants, la qual cosa apunta a la necessitat de disposar de més resultats de recerca i d'aclarir els models teòrics que serveixen per interpretar els resultats obtinguts. Aprofitem la revisió de Zimmerman (2007) per sintetitzar dues de les aportacions principals en aquesta línia, la de Deanna Kuhn i la de Barbara Koslowski.

Kuhn, Amsel i O'Loughlin (1988) han argumentat que el tret diferencial del pensament científic és el conjunt d'habilitats implicades a distingir i relacionar la teoria i l'evidència. Els resultats de Kuhn i col·laboradors els trobem àmpliament citats a la literatura especialitzada i són bàsicament tres:

- En primer lloc, que les habilitats implicades a diferenciar i relacionar teoria i evidència mostren un desenvolupament progressiu dels infants a les persones adultes, malgrat que no es desenvolupen a un nivell òptim ni en les persones adultes, perquè fins i tot aquestes tenen tendència a confondre teoria i evidència.
- En segon lloc, que a cada edat hi ha una varietat d'estratègies per relacionar teoria i evidència quan totes dues són efectivament discrepants.
- En tercer lloc, que moltes vegades els nens i nenes tenen tendència a ajustar la seva teoria per adaptar-la a l'evidència que se'ls presenta.

En relació amb aquest darrer aspecte, Chinn i Brewer (1998) han mostrat que tant els científics com els nens i nenes sovint permeten que les seves creences teòriques desautoritzin les dades obtingudes i consideren que hi ha set tipus de respostes a les situacions en què un individu manté la teoria A però les dades reforcen la teoria B. Serien les següents:

- *Ignorar* les dades i retenir la teoria inicial.
- *Rebutjar* les dades i retenir la teoria inicial.
- *Excloure* les dades del domini de la teoria inicial.
- Deixar les dades *en suspens* i retenir la teoria inicial.
- *Reinterpretar* les dades i retenir la teoria inicial.
- Reinterpretar les dades i fer *canvis perifèrics* a la teoria inicial.
- *Canviar* de teoria.

Com es pot veure, només una de les accions suposa un canvi de teoria, mentre que les altres sis són intents d'adaptar les dades a la pròpia teoria. Per tant, la tendència a ajustar l'evidència a la teoria és una conducta ben estesa i no exclusiva dels infants.

En opinió de Kuhn i altres (1988), la manera com els nens i nenes relacionen la teoria amb l'evidència suggereix que, sovint, llurs teories no existeixen com a objectes cognitius concrets i diferenciats, de manera que la teoria roman indiferenciada de l'evidència que la fonamenta. Aleshores, si teoria i evidència no existeixen com a entitats cognitives separades, és molt més difícil per a l'alumnat poder reflexionar de manera conscient i flexible sobre les relacions entre l'una i l'altra. Si això és així, una conseqüència educativa immediata seria la necessitat d'ajudar els infants a prendre consciència de les seves teories i de la naturalesa hipotètica de les seves idees, com també d'ajudar-los a distingir una hipòtesi d'una evidència.

La conclusió inicial de Kuhn i el seu equip, segons la qual els nens i nenes no distingeixen la teoria de l'evidència, ha estat qüestionada en diversos estudis posteriors. Una de les línies d'argumentació crítica principal prové de la psicòloga Barbara Koslowski (1996).

Aquesta autora considera inadequat el fet de no tenir en compte el coneixement dels alumnes en relació amb la tasca que se'ls planteja o sobre el fenomen al qual han d'aplicar les seves habilitats i critica que les tasques plantejades en els estudis de Kuhn siguin més properes a problemes formals que no pas a problemes realment científics.[19] També qüestiona que es considerin superiors les justificacions basades en l'evidència en relació amb les justificacions basades en la teoria, la qual cosa considera poc relacionada amb l'activitat científica real, en què tots dos tipus de justificacions són importants.

Per tot plegat, Koslowski considera que, en l'avaluació de la relació entre teoria i evidència, no es poden obviar ni l'establiment de mecanismes causals, ni el que ella anomena les *consideracions de plausibilitat*, perquè és evident que un dels objectius principals de la investigació científica és el descobriment de mecanismes causals que l'investigador acaba considerant plausibles. Els seus estudis, fets amb nens i nenes d'11 i 12 anys, mostren que molts alumnes d'aquestes edats tenen en compte la informació sobre possibles mecanismes causals quan avaluen l'evidència en relació amb hipòtesis sobre possibles relacions entre dues variables.

Koslowski també insisteix en el fet que el progrés científic es dóna quan es prenen seriosament correlacions aparentment poc o gens plausibles (per exemple: la hipòtesi de Wegener del moviment dels continents). Això ens planteja una nova implicació educativa, ja que situa la importància que circuli per l'aula més d'una hipòtesi a l'hora d'explicar un fet. Malgrat que sempre seran preferides les hipòtesis per les quals tenim un mecanisme causal que considerem plausible, atrevir-se a formular-ne una d'alternativa, per a la qual no tenim un mecanisme causal, pot ser útil quan l'evidència no encaixi del tot amb la hipòtesi inicial. Malauradament, en la ciència escolar, no se sol afavorir que es proposin hipòtesis alternatives, perquè encara pesa massa la idea de «resposta correcta».

Com ja s'ha indicat, a més a més de donar importància a l'existència de mecanismes causals, Koslowski també introdueix el *criteri de plausibilitat* en la generació d'hipòtesis. La plausibilitat és un criteri de funcionament cog-

19. Val la pena assenyalar que aquest problema metodològic ha tingut lloc en moltes més investigacions sobre la capacitat de raonament científic dels nens i nenes.

nitiu que permet limitar la generació i la modificació de teories, ja que, sense aquesta limitació, podríem arribar a generar una quantitat tan gran d'hipòtesis possibles, que la situació arribaria ser del tot ingovernable. L'existència d'aquest criteri de plausibilitat a l'hora de proposar una hipòtesi és evident, per exemple, quan es fan preguntes als alumnes del tipus «De què depèn que...», on s'observa que no apareix una llista aleatòria de variables possibles que afecten el fenomen plantejat, sinó que hi solen aparèixer només algunes variables que, a més a més, generalment són les mateixes en grups classe diferents. Per exemple: quan es demana als nens i nenes de totes les edats de què depèn que un objecte suri, mai no fan referència al color de l'objecte o a la seva textura i, per contra, sí que es refereixen al pes, al tipus de material, a la presència d'aire, etc.

Koslowski, per tant, conclou que els infants són més capaços de relacionar la teoria i l'evidència que no pas ens pensàvem, sempre i quan disposin, o puguin proposar, mecanismes causals que considerin plausibles a l'hora d'explicar teòricament una evidència determinada.

L'àmbit de les explicacions i els models teòrics

El segon gran àmbit d'activitat científica l'hem identificat com l'àmbit de les explicacions i els models teòrics. Com hem repetit a bastament, la ciència no pretén només establir fets, sinó també explicar-los. Recuperant l'exemple de Wegener, no es tracta de constatar el fet que els continents s'han mogut i de buscar-ne proves, sinó que també cal determinar el mecanisme que provoca que els continents es moguin. És la capacitat de comprendre, i la capacitat d'intervenir en base a allò que comprenem, el que atorga un valor social i cultural tan gran al coneixement científic. Aquest és el poder de les teories científiques.

En el fons, buscar explicacions i generar-ne és un biaix de la ment humana, perquè aquesta sempre intenta explicar-se allò que observa (Pozo, 2001; Wellman i Gelman, 1998). Així es genera una bona part del coneixement intuïtiu que tenim. El que ha incorporat la ciència moderna són mecanismes d'autocorrecció que no són propis del coneixement intuïtiu, per al qual la primera explicació ja és suficient. L'experimentació i el control extern del coneixement científic poden ser contemplats com a dispositius per detectar possibles errors, ja sigui a través del contrast amb la pròpia realitat o exposant les pròpies idees a tota la comunitat científica.

Sobre la importància de les teories científiques, Duschl (1997, p. 23) afirma:

Moltes persones sostenen que els fets són més importants que les teories. No hi ha res més lluny de la veritat en relació amb la manera com funciona la ciència. Les teories científiques són l'element més important del coneixement científic i tenen un paper vital en el desenvolupament de la ciència.

Al contrari del que passa a la ciència experta, quan analitzem l'ensenyament de les ciències a l'escola, observem que s'ha prioritzat més l'adquisició de fets que no pas la construcció d'explicacions teòriques, sobretot a l'educació primària. Ara mateix no ens podem plantejar de mantenir aquest model de ciència escolar, i això ho podem afirmar en base a dos arguments importants. En primer lloc, perquè una ciència escolar només dels fets mostra únicament una part de l'activitat científica i, per tant, reforça l'adquisició de creences sobre aquesta activitat en la línia de pensar que la ciència és *fer coses per veure què trobo.* En segon lloc, perquè una ciència escolar que no té cura de plantejar-se els processos de construcció d'explicacions és una ciència escolar que no té en compte que els infants ja són pensadors teòrics (Karmiloff-Smith, 1994) i que, per tant, interpreten els fets des de les seves pròpies teories intuïtives i els expliquen usant conceptes (pes, calor, força) amb significats diferents dels de la ciència experta (vegeu el capítol 3, pàgina 97).

Com ja hem dit a l'inici d'aquest capítol, ensenyar ciències ha de tenir per objectiu fer evolucionar les maneres d'explicar dels nens i nenes. Per això, la construcció d'explicacions és molt important. Aleshores, què vol dir explicar científicament? Com es construeix una explicació científica?

Les explicacions científiques com a narracions

Explicar, en ciència, normalment suposa determinar els mecanismes causals que produeixen un fenomen determinat o que defineixen les característiques d'un objecte determinat.

Ogborn i altres (1998) plantegen una manera de concebre les explicacions científiques que ens permet comprendre en quines condicions una explicació realment explica. Aquests autors diuen: «Si es pregunta "per què plou" i es contesta "perquè l'aigua cau del cel", només hauràs dit el que és la pluja. Si contestes que plou perquè a l'abril normalment ho fa, només hauràs dit que la pluja és un fenomen habitual en aquesta època de l'any. Però un relat sobre una zona de baixes pressions que travessa l'Atlàntic portant aire humit comença a ser una explicació. Aquesta explicació ens diu com ha passat una cosa.

Per aquests autors, l'explicació científica és quelcom molt proper a un relat que té uns protagonistes amb unes aptituds i unes propietats que els fan ser i/o comportar-se d'una manera determinada. Aquests protagonistes intervenen en certs esdeveniments –que equivalen a les diferents escenes del relat– que es donen en base a les característiques dels protagonistes i a les condicions específiques en què tenen lloc els successos en els quals intervenen aquests protagonistes. Així doncs: «les explicacions científiques depenen de l'existència de mons amb protagonistes, els possibles comportaments dels quals confeccionen la història. Però també és cert que aquests mons se situen normalment molt lluny del sentit comú quotidià i, per tant, aquestes explicacions no tenen sentit fins que no sabem què se suposa que són capaços de fer, o què els ha passat, a les entitats que hi apareixen» (Ogborn i altres, 1998, p. 27). Considerem interessant aquesta proposta, perquè els nens i nenes es mouen bé entre el món dels relats, de manera que aquesta pot ser una via d'entrada per aprendre a explicar científicament.

De manera general, allò que ens cal saber per explicar és saber llegir la història que ens explica un fenomen determinat, i això significa descriure bé l'escena i l'acció, identificar-ne els protagonistes principals, saber com són i com actuen aquests protagonistes i intentar reconstruir la història amb el que sabem dels protagonistes, per veure si alguna de les seves propietats o característiques de comportament s'ajusta als fets observats. Tot seguit, construïm una explicació seguint aquests passos i prenent com a exemple l'experiment de l'espelma.

Experiment de l'espelma

Passos	Dibuixos esquemàtics
1. Posar una mica d'aigua en una safata plana (millor si l'aigua és tenyida, perquè es veu més).	
2. Posar una espelma sobre l'aigua i encendre-la.	
3. Tapar l'espelma amb un pot o amb una proveta invertits.	
4. Observar què passa.	

La primera pregunta que ens hem de fer és: «Què ha passat en aquesta escena?». Es tracta d'una pregunta que ens demana descriure els fets que han succeït en base a les observacions realitzades. Segons el nostre esquema sobre l'activitat científica (quadre 4, pàgina 41), aquesta tasca formaria part de l'àmbit de les dades i dels fets, perquè, al respondre, el que fem és identificar amb claredat allò que després volem explicar. En el cas de l'experiment de l'espelma, pot ser que haguem observat que, quan es tapa l'espelma amb el got, aquesta s'apaga al cap d'una estona; quan es tapa l'espelma amb el got, l'aigua comença a pujar[20] lentament cap a l'interior del got, però quan l'espelma s'apaga, l'aigua puja més ràpidament; quan es tapa l'espelma amb el got, veiem que surten bombolles d'aire; quan es tapa l'espelma amb el got, el vidre s'omple, per dins, de petites gotetes d'aigua. Tot això són coses que hem vist que passen i, per tant, són els fets tal com han succeït, les escenes del relat que ens caldrà explicar.

La segona pregunta que ens hem de plantejar és: «Quins són els protagonistes d'aquesta escena?», és a dir, «Què intervé en els fets observats?». En el nostre exemple, hi tenim diversos personatges, però no tots en són protagonistes principals. El got i la safata, per exemple, participen en l'acció, però no tenen un paper principal (o almenys això sembla a primera vista!). El protagonisme principal se l'enduen els actors següents: l'espelma, l'aire de dins el got, l'aire de fora el got i l'aigua. Algú podria qüestionar-nos que nosaltres sabem el repartiment dels personatges en principals i secundaris, i que els infants potser no el sabrien. Tindria raó. Però això no fa més que alentir el procés, perquè no passaria res si els infants identifiquessin i descrivissin tots els personatges (inclosos la safata i el got), sense deixar-ne cap al marge.

Continuem amb els protagonistes principals, sobre els quals ens hem de fer una tercera pregunta: «Què en sabem, d'aquests protagonistes?», és a dir, «Quines característiques tenen i com es comporten?». Aquí no es tracta de dir-ho tot de cada protagonista, perquè no tot és important per a l'escena concreta que volem explicar, però si no estem gaire segurs del que ens podrà ser útil, val més fer una llista llarga d'atributs i conductes dels personatges seleccionats. Som-hi!

Primer tenim l'espelma que crema. Nosaltres sabem que, quan l'espelma crema, s'està produint una reacció química de combustió en què el combustible de l'espelma es combina amb l'oxigen de l'aire per donar lloc a diòxid de carboni i aigua. Aquesta reacció necessita una empenta inicial que la dóna l'encenedor o el llumí, que allibera

20. A vegades, l'aigua no puja i el got fa efecte ventosa. Això depèn del tipus de safata que utilitzem. Aquest cas no el desenvolupem a l'exemple, tot i que hi participen els mateixos protagonistes. Si el lector prova l'experiment i es troba en aquesta situació, pot mirar de construir el relat que li pertoca.

energia en forma de llum (que podem veure) i de calor (que podem notar). Aturemnos un moment per remarcar que del que hem dit sobre el protagonista espelma, una part és fruit de l'observació de l'experiment o de l'observació d'altres espelmes cremant (que es produeix llum i calor) i una altra part prové del coneixement teòric que hem adquirit en un moment previ (cremar és una reacció química, en una reacció química hi intervenen reactius i s'obtenen productes, en una reacció química les substàncies canvien, però la quantitat de matèria total es conserva). Això és molt important de tenir en compte i ens ha de servir de criteri per saber fins a quin punt els nens i nenes seran capaços d'explicar un fenomen, perquè els mestres i les mestres podem saber el coneixement que fins aleshores té l'alumnat sobre els protagonistes implicats (sempre i quan hi hagi una bona coordinació pedagògica entre els mestres d'un curs a un altre). Per exemple: l'experiment que ens serveix d'exemple es va proposar a infants de primer i segon, i quan explicaven per què havia passat el que havia passat, no n'hi havia cap que fes servir la idea de canvi químic, simplement perquè no la coneixien. Els nens i nenes de primer i segon deien coses com ara: «L'aire que entra de fora apaga l'espelma i empeny l'aigua amunt». Com es desprèn d'aquest comentari, molts alumnes no contemplaven l'existència del protagonista *aire-dins-el-pot*.

Reprenem la història. El segon protagonista de la nostra escena es diu *aire*, i de l'aire en sabem algunes coses (imaginem ara que el nostre alumnat també ho sap, perquè coneixem bé què i com ha treballat abans). De l'aire, per exemple, en sabem que n'hi ha a dins i a fora del got; que és un gas i que és matèria, la qual cosa vol dir que pesa i que ocupa espai, i també que l'aire fa pressió en totes direccions. També sabem que, com que l'aire és un gas, es pot expandir o comprimir. Fins i tot sabem que s'expandeix quan no fem pressió sobre un volum determinat de gas o quan l'escalfem, i que es comprimeix en la situació contrària, quan fem pressió o el refredem. Tot això els nens i nenes ho podrien haver après a partir d'experiències realitzades en cursos anteriors, perquè, si ens hi fixem bé, estem parlant de conclusions (de fets) que poden haver extret d'una sèrie d'experiències dedicades a conèixer millor l'aire.

Anem ara pel tercer i últim protagonista: l'aigua. De l'aigua, també en sabem coses (imaginem un altre cop que el nostre alumnat també en coneix dades perquè l'ha treballat en cursos anteriors). Per exemple, sabem que l'aigua és líquida; que és matèria i que, per tant, pesa i ocupa espai; també que, com totes les coses que pesen, en principi mai no es mou amunt, sinó que, tret que alguna cosa l'aguanti o l'empenyi, sempre va avall (a diferència del que acabem d'observar a l'experiment, en què l'aigua s'enfila amunt del pot fent surar l'espelma!).

Amb tot això ja estem en disposició d'explicar la història, de contar el relat sencer. Provem-ho. Quan hem tapat l'espelma, aquesta s'ha apagat perquè l'espelma necessita oxigen per mantenir-se en combustió i com que el got ha reduït l'aire disponible, quan l'oxigen s'acaba, l'espelma s'apaga. Fruit de la combustió, s'ha produït diòxid de carboni i aigua, per tant, hi ha tanta massa d'aire abans de la combustió com ara. Així doncs, l'aigua no puja perquè ocupa el lloc de l'oxigen.[21] Aleshores, per què puja l'aigua?, què la fa pujar? Pensem una mica usant el que sabem sobre els protagonistes.

Les coses, i l'aigua en concret, no van amunt i només hi van si les empeny quelcom. Abans d'encendre l'espelma, l'aigua no pujava perquè l'aire de dins el pot feia pressió en totes direccions, per tant, també en feia avall. Quan hem encès l'espelma, l'aire s'ha escalfat, i quan un gas s'escalfa, s'expandeix. Com que el got no tanca hermèticament, l'aire en expansió surt per l'únic lloc que pot, per la boca del got, i per això algunes vegades veiem bombolles d'aire a l'aigua (encara que no sempre, perquè és una observació difícil[22]). Aleshores, si l'aire ha sortit, ha deixat un espai buit i, per tant, ha disminuït molt la pressió de dins el got. Com que la pressió de l'aire exterior és més gran, això fa l'efecte de «xuclar» a poc a poc l'aigua amunt. Quan l'espelma s'apaga, la temperatura de l'aire que queda dins el got baixa molt de pressa i l'aire es comprimeix ràpidament, de manera que l'efecte de «xuclar» augmenta i l'aigua puja molt més ràpidament. Les gotes d'aigua que es formen a dins el got són el vapor d'aigua que s'ha format en la combustió i que es condensa a les parets del vidre que estan molt més fredes.[23] Vet aquí la història.

Quan hem plantejat aquest experiment a mestres en exercici o a estudiants de mestre, consideren que és massa difícil d'interpretar per als nens i nenes, però quan se'ls demana per què, les respostes són relativament ambigües: «Són massa petits», «La química és difícil», «Són conceptes massa abstractes», etc. Què és el que en realitat fa difícil interpretar aquesta experiència? Tal com veurem al capítol 3, el problema no rau en el fet que les alumnes i els alumnes no en coneguin els protagonistes, sinó que ja els coneixen –si més no, a la majoria–, però d'una altra manera o potser els falta

21. Val a dir que la majoria de persones adultes expliquen així la pujada d'aire (de manera errònia des del punt de vista de la ciència), usant un model de canvi químic que no té en compte el principi de conservació de la matèria.
22. Si en lloc d'un got es fa servir una proveta, com que la boca té forma de bec, la bombolla que en surt es veu molt millor. Aquest és un petit truc que pot ser molt útil a la pràctica!
23. Pensem que l'aire que està a 1cm a sobre de la flama d'una espelma pot arribar ràpidament a més de 100 °C i que, per contra, el vidre estarà molt més fred perquè és molt mal conductor. Aquesta diferència de temperatura pot ser suficient per permetre la condensació del vapor d'aigua a les parets internes del got.

conèixer-ne algunes característiques. No conèixer-los de res o conèixer-los d'una altra manera són dues coses ben diferents. Per exemple: a cicle inicial o cicle mitjà els nens i nenes no han treballat el concepte de canvi químic, per aquest motiu, per a ells, l'espelma crema, i punt. Si s'apaga, és perquè hi entra aire, que és com ells normalment han vist que les espelmes s'apaguen, i per tant no saben res en relació amb el fet que l'espelma crema quan es combina amb l'oxigen de l'aire, i potser ni saben, o a penes recorden, que l'aire té oxigen. Per això en les explicacions que fan els infants d'aquestes edats sobre el fenomen que hem explicat no usen mai la idea de canvi químic. Aquest seria un exemple de coneixement que no tenen sobre un dels protagonistes de la història.

Un exemple de coneixement que sí que tenen, però que tenen diferent del de la ciència experta, té a veure, per exemple, amb el que saben del protagonista gas. El model inicial de gas que tenen els nens i nenes no és el d'un estat de la matèria que pesa i que ocupa espai, sinó que és el de quelcom que no és matèria, que no pesa i, per tant, no se sap si ocupa espai. Els infants no *veuen* comportar-se el gas com ho fa una persona experta, i per això el *fan* comportar d'una altra manera o, simplement, no el tenen en compte. La majoria de nens i nenes pot ser que no *vegin* que a dins el got hi ha aire. Per això, en aquest cas, alguns alumnes de primer explicaven que el que fa pujar l'aire és el vent que entra de fora i s'endinsa en el got, el qual, segons ells, és al mateix temps responsable que l'espelma s'apagui. Vet aquí el seu relat, ben diferent del científic, però igualment explicatiu.

En el fons, el que es fa quan s'imagina una explicació científica com un relat és relacionar les accions i els fets que s'han obtingut, observant o experimentant, amb els conceptes i els principis teòrics que ens poden servir per explicar-ne els resultats. Aquests conceptes i principis, però, tant poden provenir de les teories científiques (quan es coneixen bé), com de les pròpies teories intuïtives. Per facilitar la relació entre teoria i resultats experimentals, existeixen uns altres instruments didàctics, com ara la V de Gowin, que permeten establir de manera esquemàtica relacions entre els fets i els coneixements teòrics que ens poden servir per explicar-los (es pot trobar més informació sobre la V de Gowin a Izquierdo, 1994; Márquez i Solsona, 1993; Novak i Gowin, 1988).

Fixem-nos en el fons de la qüestió. Si s'adopta un model de ciència escolar basat en experiments cridaners, com ho és aquest, sense parar atenció a la manera com el coneixement que tenen els infants els farà interpretar-lo, és probable que quan, al cap d'uns quants anys, retrobin el mateix problema, no el sàpiguen interpretar des de la mirada científica i continuïn usant explicacions intuïtives. Simplement perquè fer l'experiment i rebre l'explicació, sense intentar construir el relat per un mateix (amb ajuda, evidentment), no garanteix un nivell de comprensió més enllà del coneixement intuïtiu.

Un mestre o una mestra no hauria d'escollir una experiència perquè l'hagi trobada en un llibre, o l'hagi apresa en un curset de formació, i pensi que seria interessant i atractiva per al seu alumnat, sense plantejar-se l'anàlisi del relat des de la perspectiva del coneixement i de la mirada dels infants,[24] i sense tenir en compte què han comprès els nens i nenes en cursos anteriors (no només *què han treballat* en cursos anteriors!). Un altre cop apareix la importància del projecte curricular d'àrea, perquè, d'una experiència, els alumnes en podran construir un relat o un altre (explicar-la) segons què coneguin dels protagonistes, i això depèn de què n'hagin explicat i n'hagin entès abans. Tornem a insistir, per tant, en la necessitat que hi hagi un registre de les idees que tinguin i de les experiències científiques que els nens i les nenes hagin fet al llarg de la seva escolaritat –com ara la llibreta de ciències (Segalés i altres, 2011)–, que passi d'un curs a un altre amb el seu propietari, i que serà el punt de partida per a la ciència que l'escolar es trobarà a cada curs nou. No sempre els llibres de text tenen aquest nivell de coherència.

En la ciència experta, les explicacions científiques sobre problemes concrets són produccions que s'emmarquen en *teories científiques*. El significat del terme *teoria* en ciència és molt diferent de l'ús que se'n fa de manera quotidiana, en què la paraula *teoria* és més propera a la idea de desig, conjectura, especulació o creença. En ciència, les teories són més aviat marcs conceptuals amplis formats per alguns principis, conceptes i/o models teòrics, que ens ajuden a mirar i a explicar determinats conjunts de fenòmens. Per això hi ha molt poques teories científiques. La teoria de la tectònica de plaques, la teoria de l'evolució per selecció natural, la teoria atòmica de la matèria, en són tres exemples.

Al capítol 3, hi parlarem més a fons del paper de les idees i les creences, dels conceptes i dels models en les teories intuïtives (p. 102), per això ara ens referim al paper dels models en les teories expertes, i també als conceptes d'hipòtesi i de predicció, que sovint es presten a confusió.

24. També hauríem de dir que una mestra o un mestre no s'hauria de trobar mai un curs de formació inicial o permanent en què se li mostressin i se li expliquessin experiències sense que es fes cap referència a la manera com les comprèn l'alumnat.

Models i modelització. Hipòtesis i prediccions

Models i modelització

Un model és «una representació abstracta i simplificada d'un sistema o d'un fenomen que fa explícits i visibles els seus elements centrals i que pot ser usat per generar explicacions i prediccions» (Schwarz i altres, 2009). Una representació qualsevol no es pot considerar un model, perquè els models són representacions específiques que inclouen aspectes relacionats amb el mecanisme, la causalitat i la funció, i que tenen la intenció d'il·lustrar fenòmens, explicar-ne i predir-ne.

Els models són produïts per la capacitat que té el cervell humà de representar-se la realitat mentalment (Carretero i Asensio, 2008). Els models mentals són interns, però es poden fer públics i compartits, és a dir, es poden convertir en models expressats quan s'usa algun sistema de representació simbòlica per externalitzar-los. Els models expressats serveixen per construir explicacions i fer prediccions, perquè sempre raonem *amb* models. Per tant, s'estableix una relació dialògica entre model i fenomen, perquè les anàlisis progressives del fenomen, les noves evidències obtingudes, permeten refinar el model en relació amb els seus elements, relacions, operacions i normes, i al mateix temps ens indiquen les limitacions del model. En tot cas, qualsevol model que es proposi sempre ha de ser coherent amb les evidències disponibles.

Els nens i nenes, com totes les persones, també elaboren models mentals fruit de la seva capacitat de representació. I poden convertir-los en models expressats elaborant dibuixos, esquemes, maquetes, narracions, etc. en els quals representin de manera simplificada els elements o els conceptes (protagonistes) que formen part de la seva explicació (acció). Per exemple: poden dibuixar la calor com una fletxa que va d'un cos a un altre, o peces de dòmino per representar la transmissió del so, o encara usar espaguetis per representar un raig de llum que va en línia recta i que topa amb un cos opac. Com en les persones adultes, els models expressats (tant si es tracta d'una fletxa, d'un conjunt de peces de dòmino o d'un espagueti) poden ser usats per predir i per explicar, per exemple, com és que darrere d'un cos opac hi veiem una ombra.

Els models, per tant, són un element clau de l'activitat científica (Giere, 1988, 1999; Izquierdo i Aliberas, 2004) i per això s'haurien d'incorporar a la ciència escolar. Aquesta incorporació és defensada per la majoria d'experts, però el cert és que encara som lluny que la formació dels mestres i la realitat de la pràctica a l'aula atorguin un paper important a la modelització com a nucli central de l'aprenentatge científic dels infants. Vegem-ne alguns exemples.

Un dels models que comença a ser usat habitualment a les aules de primària (si més no, als últims cicles) és el model de partícules, que servirà per explicar l'estructura interna de la matèria i els estats diferents en què es presenta (Acher, Arcà i Sanmartí, 2007). Segons aquest model, es considera que un gas el podem representar com un conjunt de partícules poc unides entre elles i que es mouen de manera contínua i aleatòria; un sòlid, com un conjunt de partícules molt properes i unides entre elles que només poden vibrar sobre una mateixa posició, i un líquid, com un conjunt de partícules properes entre elles però unides molt dèbilment, de manera que poden moure's les unes respecte a les altres[25] (imatge 4). Aquest model es pot utilitzar per explicar l'estructura de la matèria, els diferents estats, els canvis d'estat, les dissolucions, la transmissió del so, etc. En definitiva, tot allò que depèn de com és feta la matèria.

Imatge 4. Model de partícules usat per explicar la dissolució d'aigua amb sal en una llibreta de ciències (Cicle superior d'educació primària. Escola Andersen. Vic). En l'explicació de l'infant, hi persisteix una concepció macroscòpica de la matèria, malgrat l'ús del model

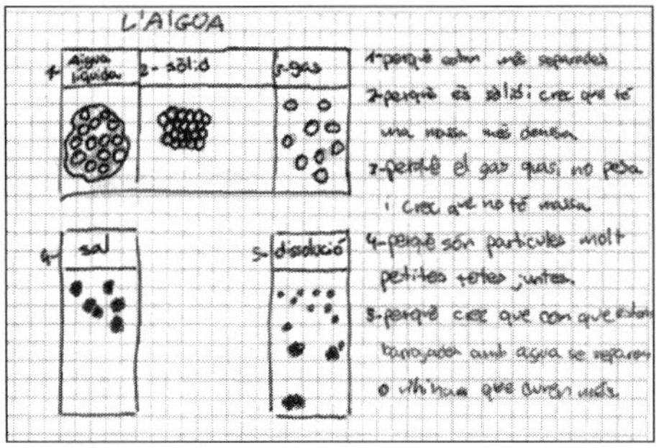

També s'han proposat maneres de modelitzar els ecosistemes a partir de les espècies i les condicions ambientals que els formen i tenint en compte sobretot les relacions que es donen entre les unes i les altres (Jurado, Martí i Segalés, 2001). A més a més, s'ha proposat l'ús de maquetes per representar determinades estructures i processos biològics: les parts de la planta, els òrgans dels sentits, l'aparell digestiu, etc. (Martí, 2006; Sardà i Márquez, 2008) (imatge 5).

Imatge 5. Maqueta de l'oïda. (Cicle superior d'educació primària. Escola Joan XXIII. Hostalets de Balenyà)

25. En realitat, la fortalesa de la unió entre partícules és deguda a la proximitat que hi ha entre elles.

Els models científics experts solen ser molt sofisticats i normalment inclouen representacions matemàtiques o simbòliques complexes, però en el fons tenen la mateixa utilitat que poden tenir els models més simples que es construeixen i que s'utilitzen a la ciència escolar. En tots dos casos, serveixen per explicar molts fenòmens aparentment desconnectats (vegeu el quadre 13, pàgina 64). Imaginar i expressar models només serà útil si els infants no els aprenen mecànicament (ara toca fer models!), sinó que s'adonen que són útils per pensar i, sobretot, per afrontar problemes desconeguts. Així, per exemple, el model d'ecosistema com a xarxa de relacions complexa permet reflexionar sobre els efectes de determinades pertorbacions en la dinàmica de l'ecosistema (Gómez, Sanmartí i Pujol, 2007; Jurado, Martí, Segalés, 2001).

Hipòtesis i prediccions

Les idees i els models científics tenen la missió d'explicar i de predir, de manera que en ciències sovint es parla d'hipòtesis i de prediccions.

Una hipòtesi és una declaració provisional (en forma d'enunciat o de model) que s'exposa per explicar un fet establert. Una predicció, per contra, és una declaració en la qual anticipem què passarà en una situació que encara no s'ha esdevingut, gràcies a una hipòtesi o a un coneixement previ. Això últim la distingeix d'un supòsit o d'un desig, perquè aquests no es poden justificar en base a una hipòtesi o a una evidència prèvies.

Hipòtesis i prediccions no són el mateix, però estan molt relacionades, perquè, normalment, d'una hipòtesi en deriva una predicció. Per exemple: si la nostra hipòtesi és que la flotabilitat depèn del material i no del pes, aleshores podem predir que diversos trossos de suro, encara que tinguin masses diferents, sempre flotaran.

Quan es planteja una hipòtesi, no necessàriament ha de ser correcta, sinó que ha de ser raonable en termes de l'evidència disponible, i possible en termes dels conceptes i dels principis científics que usa. El pensament científic és hipotètic justament perquè sempre posa a prova les explicacions que genera.

Hipòtesis i prediccions sovint es confonen entre elles a les aules d'infantil i primària, perquè, moltes vegades, es demana a l'alumnat que formuli hipòtesis quan, en realitat, la pregunta que se li planteja el condueix a formular una predicció. Per exemple: quan es fa l'experiència del pot de buit[26] i es demana

26. El pot de buit serveix per realitzar experiments sobre l'expansió i la compressió dels gasos. Així, si deixem un globus mig inflat i lligat a dins del pot i n'extraiem l'aire, veurem com s'infla, perquè l'aire de dins el globus té menys pressió externa i, per tant, es pot expandir.

què passarà amb el globus quan manxem, en realitat el que estem demanant és una predicció, no una hipòtesi, perquè el que volem que facin és que anticipin un resultat. Tanmateix, a vegades, els infants, en respondre, no simplement enuncien una predicció –el globus s'enfilarà–, sinó que la justifiquen –el globus s'enfilarà perquè hem fet el buit i en el buit les coses suren–, encara que aquestes prediccions i justificacions siguin lluny del que realment succeeix.

L'important és saber que les hipòtesis apareixen a molts moments diferents, perquè, com hem dit més amunt, el pensament científic és per naturalesa hipotètic. Per això, és millor concebre les hipòtesis com les idees que es manifesten quan es vol intentar explicar un esdeveniment, de manera que estaran sempre vinculades als coneixements que es tenen en un moment determinat.

La naturalesa hipotètica del pensament científic fa que sigui necessari adoptar la norma segons la qual una hipòtesi sempre s'ha de posar a prova, i això vol dir que qualsevol model o idea ha de ser avaluat. Hi ha dos criteris que ens serviran per avaluar la plausibilitat de les hipòtesis que circulin a l'aula: el nivell de coherència amb l'evidència i el poder explicatiu i predictiu que tinguin.

Quan diem *totes* les idees, volem dir *totes*. Per això caldria que les explicacions que introdueixin els mestres també siguin considerades hipòtesis, que molt sovint seran alternatives a les que exposen els alumnes i que caldrà posar a prova com totes les altres idees que circulen a l'aula. Acceptar aquest principi didàctic ens pot fer reflexionar sobre la necessitat de limitar les idees que s'exposen a l'aula. Val més poques idees i ben discutides, que no pas moltes idees a les quals dediquem molt poc temps. La idea que l'aire fa pressió cap a tot arreu, per exemple, és molt important per comprendre un gas i per explicar molts fenòmens en els quals intervenen els gasos (el globus que s'infla al pot de buit, les bombolles de sabó, el globus aerostàtic que s'infla quan s'escalfa l'aire, la xeringa que retorna a la seva posició original després d'haver-ne premut l'èmbol, etc.), de manera que cal dedicar-hi el temps necessari.

Compartim la idea que: «a les aules, és precisament aquest joc d'idees associat a la formulació de preguntes i d'hipòtesis el que enriqueix l'activitat intel·lectual dels escolars i dóna sentit a la seva educació científica» (Pujol, 2003, p. 131), i per això estem d'acord en el fet que cal promoure que siguin els infants els que elaborin les seves pròpies explicacions hipotètiques. La voluntat de formular hipòtesis depèn de la voluntat de buscar explicacions (Harlen, 1998), però moltes vegades els nens i nenes no veuen la necessitat d'explicar quines són les causes d'un fenomen determinat o de per què un objecte és com és. En tenen prou de constatar els fets: «Les plantes creixen millor al costat de la finestra», «El llibre no cau perquè la taula l'aguanta». Les ganes de buscar explicacions s'han de cultivar i requereixen espais per generar i posar a prova les pròpies explicacions. Per aquest motiu, una unitat didàctica hauria de deixar temps i espai per fer tot això, alhora que caldria usar maneres d'organitzar els nens i nenes que estimulessin el debat i la discussió d'idees. Es tracta de jugar a pensar i d'actuar com a científics.

No es contribueix a desenvolupar la capacitat de formular hipòtesis quan es planteja un treball a l'aula en el qual domina la realització d'experiències tancades, amb tots els passos exposats per part de l'ensenyant i de les quals ja es coneix el resultat i les conclusions a què es pot arribar (Pujol, 2003). Per adonar-se del nivell de llibertat que donem a l'alumnat en les fases d'una investigació –pregunta, experimentació, resultat, explicació–, es pot usar una petita modificació d'un model originàriament proposat per Herron, tal com es mostra al quadre 20.

Com en altres casos, l'important no és només formular hipòtesis en forma d'idees o de models, sinó conèixer quin paper fan, quin significat tenen, etc., és a dir, no només aprendre a raonar amb hipòtesis, sinó apren-

Quadre 20. Nivells d'autonomia de la investigació

QUI PROPORCIONA				
Nivell d'autonomia	**Problema**	**Mètode experimental**	**Conclusió**	**Explicació causal**
0	Mestre i/o llibre	Mestre i/o llibre	Mestre i/o llibre	Mestre i/o llibre
1	Mestre i/o llibre	Mestre i/o llibre	Alumnes	Mestre i/o llibre
2	Mestre i/o llibre	Alumnes	Alumnes	Mestre i/o llibre
3	Alumnes	Alumnes	Alumnes	Mestre i/o llibre
4	Alumnes	Alumnes	Alumnes	Alumnes

dre a pensar *en* les hipòtesis i *sobre* les hipòtesis. Ser conscient de la naturalesa hipotètica de les pròpies idees hauria de ser una finalitat clau de l'aprenentatge de les ciències.

En aquest sentit, algunes recerques han posat de manifest que els infants difereixen de les persones adultes en les estratègies que usen per formular hipòtesis i en la idoneïtat de les hipòtesis que formulen. Els nens i nenes usen hipòtesis diferents de les de les persones adultes i sovint porten a terme experiments sense haver explicitat cap hipòtesi prèvia que els orienti (Penner i Klahr, 1996). També solen optar prioritàriament per les hipòtesis que consideren plausibles des del seu propi punt de vista (en base al seu coneixement) i les solen utilitzar més per a la predicció de resultats esperats que no pas per a la predicció de resultats inesperats. Sovint només consideren una hipòtesi, tot i que proposar-ne més d'una és una garantia d'èxit millor en una investigació (Kanari i Millar, 2004).

Igual com hem vist per les dades i els fets que se'n deriven, les idees i els models també s'han d'avaluar i, si escau, revisar. Quan l'objectiu és avaluar idees o models, el que ens proposem és observar si les pròpies idees o models tenen prou capacitat explicativa i predictiva i, sobretot, si són coherents amb l'evidència obtinguda que pretenen explicar. Usem, per tant, els dos criteris que hem citat anteriorment.

Fixem-nos que afirmem que avaluar, en aquest cas, vol dir *observar les pròpies idees*, la qual cosa comporta convertir el propi pensament (les pròpies idees o models i les relacions que estableixen) en objecte de reflexió. Això suposa pensar sobre el propi pensament, la qual cosa només es pot fer quan es disposa d'una certa capacitat metacognitiva. Estimular aquesta capacitat es pot fer, per exemple, a partir de proposar als nens i nenes que escriguin per ells mateixos textos com ara: «Jo pensava que..., però...», «El nostre grup pensava que..., i hem vist que era millor..., perquè...». Deixar espai per poder reflexionar sobre les pròpies idees és un element clau de l'activitat científica escolar, que caldria tenir molt en compte en la temporització de la pràctica a l'aula.[27]

Algunes orientacions per treballar a l'aula

Enunciem, en forma d'idees generals, algunes orientacions que considerem que es desprenen de tot allò que s'ha introduït en el present capítol:

27. Altre cop l'ús de les llibretes de ciències, en lloc de fitxes tancades, facilita aquest tipus de treball.

- Introduir la investigació a l'aula i ajudar l'alumnat a desenvolupar el seu pensament científic és un projecte curricular de l'escola i no l'acció d'un sol mestre o d'un grup reduït de mestres. Difícilment assolirem aquests objectius sense la implicació de tot el professorat i sense usar models didàctics consensuats i comuns.
- Si s'aconsegueix que, al llarg de l'etapa, els nens i nenes investiguin de maneres diferents i, sobretot, si se'ls ha ajudat a fer-los prendre consciència del que estan fent, probablement es contribuirà a millorar tant llur coneixement científic com llur comprensió de la naturalesa de la ciència (això no deixa de ser una predicció, però basada en l'evidència disponible!).
- Maximitzar de manera progressiva el control del propi alumnat sobre els processos d'investigació és una fita important que un centre s'ha de plantejar. En finalitzar l'etapa, els infants haurien de ser capaços d'imaginar i dissenyar, implementar i revisar investigacions en diferents dominis per als quals tinguin una base suficient de coneixement, sense la qual no és possible que un nen (o un científic!) investigui.
- El punt anterior té una conseqüència clara: un objectiu fonamental ha de ser millorar el coneixement específic dels nens i nenes sobre els temes sobre els quals volem que investiguin, perquè un coneixement simple només condueix a investigacions i a tipus de raonament simples. Els infants de 6 a 12 anys són molt capaços de produir investigacions sofisticades i interessants, quan tenen prou temps per fer-ho.
- (Per això) és important que el projecte curricular d'un centre es concentri en un nombre reduït de models i d'idees científiques als quals es dediqui prou temps i de manera reiterada.
- En finalitzar l'etapa, les alumnes i els alumnes haurien d'haver construït una visió sobre l'activitat científica més complexa que la que tenien a l'inici. Per això, en els processos d'avaluació, cal prestar atenció a aquests continguts, i no només als conceptuals.
- Cal que el projecte curricular de l'àrea i la dinàmica habitual de l'aula siguin clars i coherents en relació amb el paper que han de tenir les preguntes. Cal assegurar-se que els infants aprenen a fer-se'n i, sobretot, aprenen a avaluar-les.
- És fonamental centrar l'atenció a generar espais i activitats que afavoreixin les habilitats metacognitives de l'alumnat, per afavorir l'autoregulació i la reflexió sobre l'estat del propi coneixement.

- És important crear en l'alumnat la necessitat i l'hàbit d'utilitzar models per explicar. Igualment, també és important que comprenguin que les idees científiques són provisionals i que sempre cal posar-les a prova. La validesa d'una idea o d'un model científic no depèn de l'autoritat, sinó del poder explicatiu que té i de la coherència que presenta amb l'evidència disponible.
- L'ús d'estratègies d'investigació a l'aula suposa consensuar unes regles del joc en relació amb el paper que ensenyant, alumnes i coneixements tenen en la dinàmica de l'aula. Una idea interessant en aquest sentit és la que proposen Lehrer i Schauble (2008) i que comporta fer trobades setmanals o quinzenals de recerca mentre duri una investigació. Aquestes trobades serveixen perquè els diferents grups d'infants que investiguen problemes diferents sobre un mateix tema cooperin i regulin llurs processos d'investigació de manera col·lectiva. És una pràctica habitual entre els científics professionals que pot ser útil reproduir-la a la ciència escolar.
- En línia amb el comentari anterior, i com a instruments que també poden servir per afavorir una comprensió millor de l'activitat científica, seria interessant promoure contextos i espais en què l'alumnat pugui conèixer i practicar les diferents facetes de la investigació científica. Ja hem citat repetides vegades l'interès que poden tenir les llibretes de ciències, però també s'hi poden afegir la comunicació de les investigacions a través de pòsters o d'articles científics o la presentació d'aquestes investigacions en forma de comunicacions en congressos científics protagonitzats pel mateix alumnat. Una iniciativa en aquest sentit és el congrés «La ciència feta pels infants», que organitzen conjuntament, des de l'any 2003, la Universitat de Vic i els Serveis Educatius d'Osona (Martí, 2004), en què els nens i nenes de P4 a sisè de primària exposen, en forma de comunicacions orals, les investigacions realitzades durant el curs.

En aquest capítol, hi hem introduït una manera de concebre la investigació científica a l'escola, hi hem descrit extensament els elements i els processos que la configuren, hi hem conegut les aportacions de la recerca educativa en relació amb el coneixement que tenen els infants sobre diverses habilitats d'investigació científica i hi hem donat una sèrie d'orientacions generals per introduir la investigació en l'actuació a l'aula.

3

Investigar per comprendre

Aprendre ciències és difícil, no a causa d'alguna cosa que els alumnes no tenen, sinó pel que sí que tenen: idees inicials que cal revisar i canviar.
(Duschl, Schweingruber i Shouse)

Abans de començar, pensem-hi una estona...

- Com et sembla que els nens i nenes construeixen coneixement sobre els fenòmens físics i naturals del seu entorn?
- A la pregunta: «Com creieu que es nodreixen les plantes?», un nen de cicle superior diu: «L'aigua de la pluja arriba a terra i les arrels la xuclen, la llum passa per la tija i les fulles fins arribar a les arrels». Per respondre la mateixa pregunta, una nena de cicle inicial diu: «Les plantes tenen com una boca petita a les arrels». La mateixa pregunta formulada en una aula de P5 obté els comentaris següents: «Les arrels xuclen menjar de la terra»; «L'aigua, quan regues una planta, se'n va cap a terra i després les arrels xuclen l'aigua. Em sembla que [les plantes] s'alimenten només d'aigua»; «A la terra hi deu haver insectes petits i cucs, que és el que mengen les plantes. Les fulles, al darrere, hi tenen una boca i, quan xuclen amb la boca, el menjar puja des de les arrels».

No hi ha gaires diferències entre uns respostes i unes altres! Com interpretes aquesta situació?

Tal com s'ha dit al capítol anterior, l'activitat científica es desenvolupa en dos àmbits: l'obtenció de dades i l'explicació teòrica. Les investigacions obertes en què els infants construeixen fets científics a partir de les dades obtingudes en llurs observacions o experiments restarien incompletes si no anessin acompanyades, en un moment o altre, de moments dedicats a la construcció d'explicacions sobre els fets establerts. Tanmateix, saber explicar científicament un fenomen no és gens fàcil per a l'alumnat. Per això, partint d'allò que ja s'ha introduït al capítol anterior sobre la construcció d'explicacions, dediquem aquest capítol a exposar les raons que expliquen les dificultats que tenen els infants per construir models explicatius propers als models experts, sobre uns fets científics determinats. Ens situem, doncs, en la dimensió més conceptual de l'aprenentatge científic.

A l'educació primària, moltes vegades s'ha menystingut aquesta dimensió i sovint s'ha assumit, o bé que la construcció conceptual no ha de ser una prioritat de l'etapa, o bé que l'observació i l'experimentació conduiran sense problemes a la construcció dels conceptes i dels principis científics implicats en la comprensió d'un fenomen determinat. En base als plantejaments didàctics actuals, cap d'aquestes dues assumpcions no és acceptable a l'hora de pensar l'estil que hauria d'adoptar la ciència escolar.

El fet de considerar importants les idees de l'alumnat en la construcció de coneixement conceptual genera alguns interrogants que encara no es poden considerar tancats: quin tipus de coneixement científic poden construir els nens i nenes al llarg de l'educació primària?, a través de quins processos cognitius ho faran? A més a més, planteja un problema nou, que és el de determinar quin és el coneixement que necessiten tenir els mestres sobre la matèria, aspecte que no és tan preocupant quan l'enfocament se centra en l'aprenentatge dels procediments. En aquest sentit, Alexander afirma: «L'èmfasi en el procediment i no en el concepte, en el com més que en el què, en l'aprendre a aprendre més que en l'aprendre alguna cosa, evita debatre sobre el contingut de l'aprenentatge i sobre l'experiència dels docents» (Alexander, 1992, citat a Osborne i Simon, 1996). Si es dóna una importància real als conceptes i a les teories, el panorama canvia i es fa evident que les mestres i els mestres han de tenir un domini del coneixement conceptual sobre el qual treballen amb el seu alumnat, però també, i sobretot, han de conèixer i saber gestionar el pensament científic dels nens i nenes en relació amb uns fenòmens determinats.

La idea clau que volem remarcar en aquest capítol és que, en realitat, no hi ha un coneixement que s'hagi *d'ensenyar*, sinó que hi ha un coneixement que s'ha *de desenvolupar*. Tal com diu la citació que l'encapçala, la dificultat de l'aprenentatge científic no prové del coneixement que l'alumnat no té, sinó del coneixement que sí que té. Això ens obliga a canviar-ne el punt de vista i a situar els conceptes i els models explicatius dels infants com el punt de partida i la matèria primera amb la qual cal treballar a l'aula, al mateix temps que ressitua els models explicatius experts en un paper de referent per als mestres i de destinació final del procés d'evolució del coneixement infantil (vegeu el quadre 3 de la pàgina 39). Com tot el professorat sap, aquesta destinació no s'assoleix fàcilment i, en la majoria de casos, només s'aconsegueix d'una manera gradual i relativament lenta. Tenir molt clar que el camí és lent i gradual hauria d'empènyer a instaurar models i instruments de coordinació pedagògica a l'interior de l'àrea i al llarg de tota l'etapa que fossin molt més amplis i eficaços que els actuals.

Per què és important plantejar-se com s'aprèn?

Com a mestres, pot ser que algunes vegades ens haguem trobat dient, o pensant, coses com ara: «Els meus alumnes de tercer no ho sabran...» o «Aquest concepte és massa difícil i abstracte. Ja l'aprendran més endavant, quan estiguin preparats» o «Són massa petits per fer aquest tipus d'activitat» o «Els falten coneixements per...». Totes aquestes afirmacions es fan, encara que un mateix no en sigui explícitament conscient, en base a alguna teoria sobre l'aprenentatge que permet justificar-les.

En l'ensenyament de les ciències a l'educació primària, sovint sembla com si es partís d'un principi general segons el qual els infants en aquesta etapa no poden fer certes coses, o no tenen, ni poden adquirir, certs coneixements, de manera que, per actuar, els mestres es guien pel que, suposadament, les alumnes i els alumnes no poden fer o aprendre i no es dediquen a explorar què són capaços de fer o d'aprendre en determinades situacions i amb determinats suports. Probablement, aquest principi d'actuació deriva de la creença que els nens i nenes de primària tenen unes capacitats limitades per al pensament científic i per a la comprensió de certs conceptes científics.

Ja fa uns quants anys, la psicòloga K.E. Metz va reflexionar sobre aquesta situació i va assenyalar tres concepcions àmpliament reconegudes entre els mestres nord-americans referides a les capacitats dels infants de 6 a 12 anys:

- Els infants de primària són pensadors concrets i no abstractes.
- Donen sentit al món sobretot a través de processos d'ordenació i classificació d'objectes i relacions, i no en termes d'explicacions o d'interpretacions teòriques.
- No poden usar la planificació d'experiments per desenvolupar llurs idees (Metz, 1995).

Aquestes reflexions de Metz probablement encara continuen vigents, i no són exclusives dels mestres nord-americans. Tal com s'afirma a l'informe *Taking science to school* (National Research Council, 2007): «l'ensenyament de les ciències a l'educació primària sovint ha assumit que el desenvolupament és com una mena de desplegament inevitable, i que simplement cal esperar que els nens i nenes estiguin cognitivament preparats per treballar continguts més abstractes i teòrics», és a dir, «[que] seguint el procés de maduració segons l'edat, els nens i nenes adquiriran certes fites cognitives de manera natural, amb poca intervenció dels adults»; per això, conclouen que: «bona part de l'ensenyament de les ciències actuals es basa en assumpcions antiquades sobre la naturalesa del desenvolupament cognitiu i sobre l'aprenentatge, i això condueix a un ensenyament de les ciències per sota del punt òptim possible».

Cada ensenyant (i tothom encara que no sigui ensenyant) té les seves pròpies representacions sobre la ment infantil i sobre allò que permet que les criatures aprenguin (Pozo i altres, 2006; Strauss i Shilony, 2002). Aquestes representacions són producte del coneixement intuïtiu que tot mestre té en relació amb els processos d'ensenyament i aprenentatge –en general o de les ciències en particular–, que, al seu torn, deriva de l'experiència adquirida com a alumnes i com a docents i dels elements de coneixement expert que s'han anat integrant d'una manera més o menys coherent al conjunt d'esquemes i creences inicials, fruit dels processos formals de formació. Dos exemples de creences àmpliament compartides sobre l'aprenentatge són: «Els nens i nenes construeixen coneixement a través del que veuen; per tant, si es guien a través de la vista, és més fàcil que puguin aprendre», «Els infants construeixen el coneixement a través del que veuen i experimenten; a través del seu entorn, d'investigar coses i posar-les en pràctica. També poden construir coneixement a partir del que senten o escolten, tant a casa com al carrer i l'escola».

Entre els mestres (en exercici o en formació inicial), hi predominen concepcions sobre l'aprenentatge de caràcter empirista –el coneixement prové dels sentits– i que es corresponen al que els estudis que investiguen aquests temes identifiquen com a teories directes i teories interpretatives de l'aprenentatge (per aprofundir aquests estudis, es pot consultar Pozo i altres, 2006). Aquestes teories intuïtives sobre l'aprenentatge normalment no consideren que aquest sigui un procés de construcció de l'individu. Més aviat assumeixen que es tracta bàsicament d'un procés de recepció d'informació externa, ja sigui a través dels sentits o a través de la informació transmesa.

Segurament, això és el que fa més difícil respondre la segona pregunta que plantejàvem a l'inici d'aquest apartat sobre les explicacions dels nens i nenes en relació amb la nutrició de les plantes, i que potser s'hagi respost amb arguments com ara: «El coneixement no és adequat» o «Els nens no estan preparats». Si ho pensem bé, aquests arguments no expliquen el fet que les respostes dels nens i nenes de diferents cursos siguin molt similars i sempre es basin en una mena d'analogia entre la nutrició de les plantes i la nutrició humana, segons la qual les plantes mengen per les arrels com les persones mengen per la boca. Necessitem un altre tipus d'interpretació que no redueixi el problema a una qüestió simplement relacionada amb l'edat o la maduresa.

Com és ben sabut, la psicologia actual ha adoptat les teories constructivistes com a marc teòric de referència per interpretar l'aprenentatge. Aquestes teories no impliquen només pensar que els processos o els coneixements previs influeixen en l'aprenentatge, sinó que també suposen assumir que el coneixement és una (re)construcció que no es correspon de manera directa ni unívoca amb la realitat, que diferents persones poden donar significats diferents a una mateixa informació externa, que l'observació i l'experimentació directes no són l'únic element que intervé en l'aprenentatge i que l'adquisició de coneixement implica necessàriament una transformació del propi coneixement. Els estudis de Pozo i altres (2006) porten a concloure que sembla com si molts docents assimilessin el discurs constructivista a la pròpia teoria intuïtiva, de manera que, d'una banda, consideren que els coneixements previs, la motivació, el grau de desenvolupament cognitiu expliquen per què un alumne no aprèn una informació nova determinada i, d'altra banda, accepten que sense activitat de l'alumne no hi ha aprenentatge, però que aquest té un caràcter eminentment reproductiu.

Un altre dels aspectes que la recerca ha posat de manifest és la importància dels tipus d'experiències d'aprenentatge que les mestres i els mestres proposen a l'alumnat. Si relacionem aquesta idea amb el que hem dit fins ara, fàcilment podem deduir que el fet d'assumir uns pressupòsits sobre l'aprenentatge de les ciències o uns altres no serà independent de les activitats que els ensenyants plantegen i, per tant, si s'adopta, encara que sigui inconscientment, una concepció empirista i directa de l'aprenentatge, es dissenyaran unes activitats i uns entorns d'aprenentatge diferents a si s'adopta, amb totes les conseqüències que comporta, una concepció clarament constructivista. Així, per exemple, des d'una visió empirista de l'adquisició de coneixement, és fàcil que s'opti per un enfocament molt manipulatiu, proporcionant moltes observacions i experiències a l'alumnat i pensant que el coneixement conceptual necessari per interpretar-les es podrà construir directament de les observacions, o bé l'ensenyant el podrà introduir posteriorment via transmissió d'informació.

En contrast amb el pensament majoritari entre el professorat sobre l'aprenentatge, una de les idees centrals que ha aportat la recerca és que els nens i nenes són, en realitat, pensadors teòrics i, per tant, generen teories i pensen a través de teories. Això suposa que, lluny de només implicar-los en la manipulació, també els hem d'implicar en processos de desenvolupament del seu raonament teòric. Fer això, com es veurà al llarg d'aquest capítol, és absolutament necessari, perquè les teories inicials dels nens i nenes són molt diferents de les teories científiques que es volen ensenyar (Carey, 2000).

Així doncs, cal que cadascú revisi les seves pròpies concepcions en relació amb l'aprenentatge, perquè d'això depèn, en bona mesura, el tipus d'experiències d'aprenentatge científic que es trobaran els nens i nenes a les aules.

La construcció de coneixement en dominis específics

En relació amb la recerca sobre el coneixement infantil, Wellman i Gelman afirmaven: «Fins fa poc, malgrat tot, el focus rarament ha sigut el coneixement infantil en ell mateix. Més aviat, els teòrics han proposat que examinar el coneixement proporcionaria una finestra sobre processos i estructures més fonamentals i de domini general que els infants usen, com ara la categorització, la memòria i la lògica. La recerca de Piaget personifica aquesta aproximació. Va proporcionar alguns dels relats més fascinants sobre el coneixement precoç dels infants, però va desautoritzar qualsevol interès en el *nivell superficial*, és a dir, en el coneixement en ell mateix» (Wellman i Gelman,1998, p. 523, la cursiva és de l'autor).

En el moment en què això es va publicar, a finals dels anys noranta, ja s'havia anat consolidant un interès pel coneixement infantil en ell mateix, tant en la psicologia com en la didàctica. Interès que prové de diferents línies de recerca. D'una banda, prové del moviment de les concepcions alternatives (inicialment anomenat *misconceptions*) que apareix als anys vuitanta en l'àmbit de la didàctica de les ciències (Driver, Guesne i Tiberghien, 1989; Driver i altres, 1999; Osborne i Freyberg, 1995). Aquest moviment va posar sobre la taula algunes conclusions molt importants, com ara que les idees científiques dels nens i nenes són molt resistents al canvi i que calia plantejar-se enfocaments metodològics nous que tinguessin en compte «que el coneixement és fruit d'una construcció personal i social, més que no pas d'una transmissió objectiva; que les teories són provisionals, no absolutes; que l'aprenent està activament implicat en la construcció de significat aportant les seves pròpies idees i interpretacions; que l'aprenentatge és un procés que té lloc quan les idees dels nens interactuen amb la realitat i amb les idees dels altres, de manera que es poden modificar, ampliar o canviar, i que el currículum és un conjunt d'experiències d'aprenentatge que permeten que tot això passi» (Millar i Driver, 1987). Tal com afirma Adey, el moviment de les concepcions alternatives va posar sobre la taula d'una manera definitiva que «la idea que els mestres no poden simplement transmetre informació, i que els alumnes no poden simplement descobrir la ciència per ells tots sols, són dues afirmacions consensuades en l'ensenyament de les ciències» (Adey, 2001, p. 46).

Situats en el terreny de la psicologia del desenvolupament cognitiu, l'interès es manifesta en els estudis sobre les teories intuïtives dels infants. Aquests estudis plantegen la idea que els conceptes que construïm des de petits estan integrats en teories, les quals donen forma a les maneres intuïtives de pensar i d'interpretar el món (Rodrigo, Rodríguez i Marrero, 1993). Aquestes teories infantils no tenen un caràcter general, sinó que són de domini específic i, per tant, són diferents segons els diversos àmbits de problemes. Es tracta d'una tradició que entronca amb una visió més heterogènia i menys generalista de la ment humana, segons la qual la ment disposa de diversos sistemes de cognició destinats a processar i representar-se diferents tipus d'informació específica (Pozo, 2001).

Com que el contingut d'aquestes teories intuïtives sol ser diferent del de les teories científiques, també s'han realitzat molts estudis per explicar els canvis en el coneixement infantil. Aquests estudis han donat lloc a models teòrics sobre el canvi conceptual, que analitzen com canvien en el temps tant els continguts de les teories inicials –en forma de conceptes, idees, creences o models–, com les formes més generals de raonament científic (Vosniadou, 2008).

En els subapartats propers, ampliem una mica més, des d'un punt de vista general i sense aprofundir en exemples temàtics concrets, els plantejaments actuals en relació amb les teories intuïtives i el canvi conceptual.

Al capítol 4, hi exposarem més concretament les característiques del coneixement infantil en relació amb els éssers vius i amb l'estructura de la matèria (p. 125).

La idea de domini específic i les teories intuïtives

El concepte de *domini* ha estat definit de la manera següent: «Des del punt de vista de la ment de l'infant, un domini és el conjunt de representacions que sosté en una àrea específica de coneixement: el llenguatge, el número, la física, etc.» (Karmiloff-Smith, 1994, p. 23) i, d'una manera més àmplia, com «un conjunt de coneixements que identifica i interpreta una classe de fenòmens que suposadament comparteixen certes propietats i són d'un tipus definit i general. Un domini funciona com una resposta estable a un conjunt de problemes complexos i recurrents que l'individu afronta. Aquesta resposta implica processos perceptius, de codificació, evocació i inferencials que són d'accés difícil i que estan dedicats a solucionar aquests problemes» (Hirschfeld i Gelman, 2002).

Segons la revisió que fan Wellman i Gelman (1998), i que ens servirà de guia en aquest apartat, hi ha tres sistemes de coneixement, o dominis, que són especialment importants en la comprensió humana i que fan referència a la comprensió del comportament dels objectes físics –que dóna lloc a una física intuïtiva–, dels agents intencionals –que dóna lloc a una psicologia intuïtiva– i dels éssers vius –que dóna lloc a una biologia intuïtiva.

Malgrat que pels noms ho sembli, no hem de confondre el concepte de *domini específic* amb el concepte de *disciplina científica*, tot i que, òbviament, tinguin relació. Des del nostre punt de vista, una de les diferències clau és que no totes les entitats, els fenòmens i els problemes que constitueixen una disciplina –sigui la física, la biologia o la psicologia– apareixen com a tals en la idea de domini, entesa des de la perspectiva del coneixement inicial dels infants. Així, per exemple, les plantes no sempre són considerades éssers vius pels nens i nenes, de manera que el concepte d'ésser viu en la biologia intuïtiva no és el mateix que el de la biologia experta (Carey, 1985), i aquest és el nucli del problema que afrontem a l'escola.

Que es posi l'èmfasi en la importància de reconèixer l'existència de dominis específics de coneixement no suposa obviar l'existència de capacitats de domini general. Més aviat el que es vol és remarcar el fet que, ara mateix, hi ha prou evidència empírica per acceptar que el coneixement és més compartimentat i de domini específic del que es pensava i que, per exemple, el coneixement i les maneres de raonar sobre els objectes físics no se sobreposen al coneixement i a les maneres de raonar sobre el món de les persones com a agents intencionals, o sobre el món dels éssers vius. Per tant, la transferència de coneixement d'un domini a un altre probablement no és tan simple com sovint es pensa.

Si ens plantegem per què existeix aquest coneixement intuïtiu tan precoç, la resposta la trobarem en els enfocaments evolucionistes de la cognició humana. Molts biòlegs i psicòlegs han adoptat aquesta perspectiva. Des de la psicologia, es considera que «el sistema cognitiu humà opera per optimitzar l'adaptació dels individus al medi. Un element clau és el coneixement de l'entorn, perquè conèixer-ne les característiques permet actuar-hi, fer-ne prediccions, resoldre'n problemes, en definitiva, sobreviure» (Carretero i Asensio, 2008, p. 62).

Entre els biòlegs, ens trobem l'opinió d'Ernst Mayr, qui afirma que, perquè els humans puguin sobreviure, només hi ha una part del món important que és el món perceptible –el mesocosmos–, del qual generem coneixement des del naixement. Mayr contrasta aquest coneixement amb el que ha aportat la ciència contemporània i que ha permès millorar la nostra comprensió del macroscomos i del microcosmos, que no són el món real que els humans percebem. Segons aquest científic:

> *Malgrat que els instruments dissenyats per físics i enginyers ens han permès accedir al fascinant món subatòmic i transgalàctic, cap d'aquests mons forma part del nostre món sensorial normal i, per tant, cap contribueix al nostre realisme de sentit comú. Conèixer-los no és essencial per a la nostra supervivència.* (Mayr, 1998, p. 92)

En una línia similar s'expressa el neuropsicòleg Daniel T. Willingham, quan afirma que «el cervell no està dissenyat per a reflexionar, sinó per evitar haver de reflexionar» (Willingham, 2011, p. 17).

Si considerem juntes les reflexions de Mayr i de Willingham sobre el paper del coneixement científic, les aportacions de la psicologia sobre l'existència del coneixement intuïtiu infantil i ho portem al terreny de la ciència escolar, podem considerar que la ciència escolar sempre suposarà un cert grau de confrontació entre tots dos tipus de coneixement: el *coneixement intuïtiu* –fàcil d'adquirir, fruit de la percepció i la informació provinent de l'entorn, condicionat per principis teòrics implícits, explicatiu, quotidià, compartit– i el *coneixement científic* –explícit, fruit de la recerca sistemàtica, difícil d'adquirir, amb molt més poder explicatiu, que contrasta contínuament la teoria i les evidències disponibles. La confrontació es dóna perquè tots dos expliquen en bona mesura els mateixos fenòmens, encara que ho fan de maneres molt diferents i per això adquirir coneixement científic significa sempre un procés de canvi conceptual (quadre 21).

Què caracteritza i configura el coneixement en un domini determinat? Segons Wellman i Gelman (1998), els dominis es poden caracteritzar perquè són diferents ontològicament, ja que la ment divideix el món en diverses *categories ontològiques* –estats mentals, objectes físics, éssers vius. Cadascuna d'aquestes categories és pensada a través de certs *models de raonament causal* i de certs *constructes teòrics abstractes* propis de cada domini –per exemple: estats d'ànim per a la conducta de les persones, força vital per a la nutrició dels animals. Tot plegat dóna lloc a *teories* més o menys organitzades i relativament coherents, que sempre són de caràcter implícit i que són el que possibilita, i alhora restringeix, el coneixement en un domini determinat.

Segons Wellman i Gelman, aquesta visió del coneixement de domini específic com a coneixement teòric té conseqüències molt radicals sobre les representacions que normalment ens havíem fet en relació amb el pensament

Quadre 21. Coneixement intuïtiu versus coneixement científic

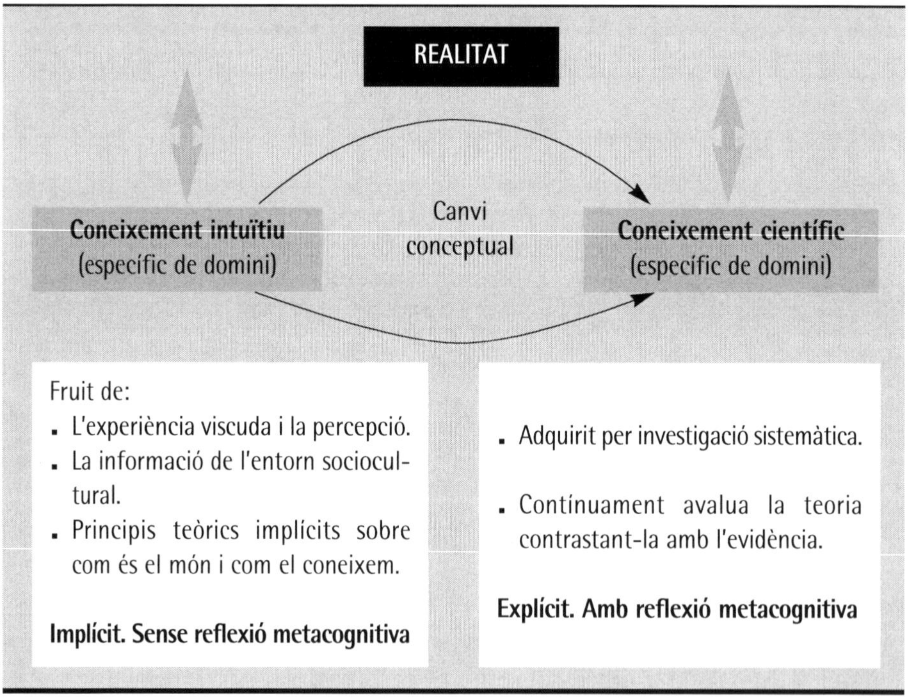

infantil. Els autors creuen que ja no es pot considerar que les categoritzacions ontològiques, els models de causalitat i l'ús d'entitats no observables són assoliments tardans en el desenvolupament, sinó que més aviat són contribucions molt primerenques al desenvolupament del coneixement, almenys en els dominis citats anteriorment. Vegem ara el paper de cadascun dels tres elements que conformen el coneixement intuïtiu infantil: les *categories ontològiques*, els *models de causalitat* i l'ús d'*entitats no observables*.

En relació amb la diferenciació ontològica, sembla clar que els infants distingeixen almenys tres grans categories ontològiques[28] –els objectes físics, els agents intencionals i els éssers vius– i que apliquen raonaments diferents a cadascuna d'aquestes categories. Així, per exemple, els nens i nenes saben que els pensaments no es poden tocar, no perquè estiguin lluny o amagats, sinó perquè no tenen aquesta propietat, ja que són coses diferents dels objectes físics, que, per contra, sí que es poden tocar. Per això, Wellman i Gelman comenten: «Una de les troballes més intrigants de la recerca en aquest àmbit és l'existència des de molt petits de distincions ontològiques semblants a les de les persones adultes. Els nens de 4 a 5 anys, o els nadons de pocs mesos, distingeixen animat d'inanimat, objectes sòlids d'esdeveniments, mental de físic» (Wellman i Gelman, 1998, p. 556).

Les divisions ontològiques que fan els nens i nenes són la manera com esculpeixen i es representen el món, i el seu raonament està orientat a partir d'aquestes distincions. La categorització ontològica és molt important per comprendre el món, perquè equivocar-se en la categoria ontològica a la qual s'assigna un objecte o un fenomen suposa cometre un error, no una simple falsedat. Per exemple: dir que el suro és més pesat que l'or és fals, però dir que una idea és més pesada que l'or no és ni cert ni fals, és simplement un error, perquè les idees no són el tipus de cosa que pot ser pesada o lleugera, excepte quan es parla metafòricament.[29]

L'evolució del coneixement científic ha fet emergir categories ontològiques noves. Per exemple: a diferència del coneixement intuïtiu que substancialitza[30] la calor, el so, la llum i les forces, el coneixement científic les considera processos o interaccions.

---

28. Com veurem més endavant, Chi proposa una manera lleugerament diferent d'enumerar les categories ontològiques.
29. En el fons, una metàfora no deixa de ser un joc mental en el qual s'ultrapassen a plena consciència els límits dels atributs propis d'una certa categoria ontològica.
30 Aquí utilitzem el terme «substancialitzar» per referir-nos al fet de considerar alguna cosa *com si fos* una substància, encara que no necessàriament comporti considerar que estigui feta de matèria.

En primer lloc, hem dit que els diferents dominis de coneixement contenen certs tipus d'explicacions causals. Wellman i Gelman afirmen: «La causalitat és un element primitiu en el desenvolupament, que emergeix aviat i que influeix en la categorització i l'adquisició de coneixement» (1998, p. 555). En les seves converses habituals, els infants invoquen ràpidament el raonament causal. Fins i tot solen ser més deterministes que les persones adultes, perquè esperen que tots els esdeveniments tinguin una causa específica.[31]

El raonament infantil sobre la màgia, per exemple, suggereix que els nens i nenes són *cercadors de causes*, ja que si acceptessin més fàcilment la no causalitat (o almenys la incertesa en la causalitat), no haurien d'apel·lar tan sovint a la màgia per explicar alguns fenòmens per als quals no en saben identificar una causa clara. Les criatures saben que el funcionament d'un interruptor té una causa física, mecànica, encara que no la comprenguin; per contra, una moneda que surt de dins l'orella sembla fora del reialme dels esdeveniments físics i de les causes físiques possibles. Per això, ara podem dir que les alumnes i els alumnes distingeixen de manera intuïtiva el que *no saben* explicar del que *no es pot* explicar (el que és màgic!), i saben, encara que ells la ignorin, que tots els fenòmens naturals tenen una causa. Apel·lar a la màgia és una manera de deixar en suspens la recerca d'una causa natural.

En definitiva, el fet d'esperar que els esdeveniments generalment tinguin causes és una predisposició de la ment, un biaix cognitiu, que apareix inclús quan els nens i nenes tenen un coneixement escàs de les causes particulars d'un fenomen determinat.

Un segon i últim element que conforma el coneixement de domini específic és l'ús d'entitats conceptuals no observables, pròpies d'aquell domini. En els que hem citat –física, psicologia i biologia–, quan els infants busquen comprendre i explicar, no simplement expliquen sobre esdeveniments en termes de factors perceptibles, sinó que també ho fan en termes de constructes i processos no observables –essències, partícules invisibles, estats mentals, forces vitals. Wellman i Gelman (1998, p. 557) afirmen: «Una implicació molt important d'aquesta apel·lació precoç [dels infants] a les entitats no observables és que, com han argumentat recentment Simons i Keil, el raonament infantil pot moltes vegades no anar del concret a l'abstracte, tal com s'assumeix habitualment, sinó de l'abstracte al concret, o del general a l'específic». Segons Wellman i Gelman, en els dominis per als quals cer-

31. Potser d'aquí ve precisament la insistència dels infants en el *per què*, que comparteixen amb els científics.

tes comprensions nuclears estan disponibles molt precoçment, el canvi es donaria de l'abstracte al concret i, per contra, es donaria en la direcció contrària en els dominis que són absolutament de nova adquisició, per exemple: jugar a escacs.

En base a això, hem de tenir en compte que la ciència no és sempre nova, com sí que ho serien els escacs, perquè hi ha molt de coneixement científic que fa referència als mateixos dominis intuïtius que ja funcionen des de petits. Així doncs, per a molts fenòmens científics, els nens i nenes tenen explicacions generals que l'ensenyament haurà de fer cada cop més concrets.

Resumint el que hem dit fins ara, es poden distingir almenys tres dominis de coneixement intuïtiu infantil: físic, psicològic i biològic. Cada domini de coneixement es genera per la capacitat dels infants d'establir distincions ontològiques i cada domini conté models d'explicació causal i entitats no observables abstractes que les criatures usen per explicar.

Les teories intuïtives

En relació amb la caracterització d'aquest coneixement intuïtiu infantil, hi ha diferents posicionaments teòrics, dels quals destaquem el que el concep com un conjunt de coneixements fragmentats (DiSessa, 2008) i el que el concep com un conjunt de coneixements que s'organitza conformant teories específiques[32] (Carey, 1985; Rodrigo, Rodríguez i Marrero, 1993; Vosniadou, 1994). En la present obra, prenem de referència aquesta segona perspectiva, que descrivim breument en els paràgrafs següents.

Diversos autors (Brewer, 2008, Carey, 1985; Gopnik, 2009; Karmiloff-Smith, 1994, Vosniadou, 1994) han defensat que els infants organitzen el seu coneixement en forma d'estructures conceptuals de caràcter teòric, i no només com a conjunts de coneixements factuals aïllats. Aquestes teories serien abstractes, tindrien un cert grau de coherència interna, s'aplicarien a determinades entitats o fenòmens (i no a d'altres) i, com ja s'ha dit, contindrien mecanismes explicatius causals específics i també entitats teòriques de naturalesa abstracta. Com a estructures teòriques que són, permeten predir i interpretar evidències noves i informacions referides a les entitats i/o als fenòmens propis del domini.

32. Es tracta d'un debat obert que caldria seguir de prop.

Des d'un punt de vista educatiu, aquestes teories intuïtives no s'haurien d'entendre com un obstacle o una dificultat que cal superar, sinó que s'haurien de veure més aviat com una possibilitat, perquè serà des del seu coneixement intuïtiu inicial que els nens i nenes construiran coneixement nou. Tanmateix, també cal contemplar-les com una restricció o una limitació, perquè aquest coneixement infantil inicial també té l'efecte de condicionar la construcció de coneixements nous. Així doncs, les teories intuïtives inicials de l'alumnat són, alhora, una possibilitat i una limitació.

Si assumim que el coneixement infantil s'organitza teòricament, aleshores haurem d'admetre que els conceptes infantils –per exemple: els conceptes de Terra, de planta, de pes o de força– no es presenten de manera aïllada, sinó que formen part d'estructures teòriques, encara que es tracti de teories simples, poc coherents i implícites. Així doncs, la majoria de vegades, el canvi conceptual no és el canvi puntual en el significat d'un concepte, sinó que sovint comporta un canvi més ampli. Per això el canvi conceptual no és fàcil, i sembla clar que l'ensenyament explícitament dirigit a promoure'l esdevé un element clau. En aquest sentit, Carey (2000) afirma que «[l'ensenyament explícit] és el motor que impulsa el desenvolupament conceptual». En altres paraules, el canvi conceptual no es donarà de manera espontània. Aleshores: com té lloc el canvi conceptual?

Mecanismes que intervenen en el procés de canvi conceptual

Inicialment, la idea de canvi conceptual es pot associar només a un procés de canvi en el significat dels conceptes. Si s'entén que els conceptes són representacions mentals que corresponen (*grosso modo*) a paraules, el canvi conceptual es produiria per processos mentals que creen i que alteren aquestes representacions mentals (Thagard, 2008). Es tractaria d'un procés que es produeix tant en la ciència experta –bona part del canvi en la història del coneixement científic s'ha produït per processos de canvi conceptual (Mayr, 2006)–, com en l'aprenentatge de les ciències.

L'existència de conceptes amb significats particulars en el coneixement intuïtiu infantil fa que també ens haguem de plantejar el canvi conceptual en el cas de la ciència escolar. Per això s'han proposat una sèrie de mecanismes generals de canvi conceptual que es resumeixen al quadre 22 i que fan referència a mecanismes de canvi que impliquen conceptes aïllats. Més endavant veurem que cal ampliar la idea de canvi conceptual, és a dir, més enllà de referir-nos només a conceptes aïllats, també l'hem d'usar per referir-nos a canvis més profunds en els elements i els principis que configuren les teories intuïtives dels infants.

Quadre 22. Mecanismes de canvi conceptual referits a conceptes aïllats (a partir de Carey [2000] i del National Research Council [2007])

MECANISME	EXEMPLES
1. S'elabora el nou concepte damunt d'una estructura conceptual ja existent. En aquest cas, s'incorporen nous subtipus o supertipus, o noves parts o propietats, a conceptes ben coneguts que formen part de l'estructura conceptual inicial.	▪ Aprendre tipus nous d'animals o subtipus (races) de gossos. En cap cas implica modificar de manera substancial els conceptes inicials d'animal o de gos. ▪ Aprendre que el concepte *mamífer* inclou óssos, lleons i gats.
2. *Diferenciació conceptual*: apareix quan la nova teoria usa dos conceptes diferents on la teoria inicial només n'usava un. En la diferenciació conceptual, el concepte inicial és contemplat com a incoherent des de la perspectiva de la nova teoria i no hi té cap paper.	▪ Un exemple és el cas del concepte *no viu.* Al començament, els infants tenen un sol concepte i no distingeixen els de *mort, no real* o *inanimat.* Posteriorment, el concepte de *no viu* es diferencia i se separa en *mort, no real* o *inanimat*, cadascun amb un significat propi i precís (Carey, 1985).
3. *Fusió conceptual*: la nova teoria introdueix un nou concepte que és fruit de la unió de conceptes considerats diferents en la teoria inicial.	▪ Per exemple: quan, inicialment, es veuen els sòlids i els líquids completament diferents de l'aire, mentre que després (segons el model científic) es contemplen tots tres com a diferents estats de la de matèria. ▪ Quan l'estat de repòs d'un objecte és vist inicialment com un estat oposat al de moviment de l'objecte, mentre que posteriorment (segons el model científic) tots dos són vistos com a estats no accelerats que resulten d'un equilibri de forces.
4. Es modifiquen les característiques que es consideren centrals o perifèriques d'un concepte determinat.	▪ Per exemple: quan, en formar el concepte d'ésser viu, l'atribut de moviment autònom, que inicialment és molt central (la majoria de nens i nenes petits s'hi refereixen), passa a ser més perifèric i hi ha uns altres atributs que ocupen la centralitat, com ara tenir cicle vital, nodrir-se o actuar perseguint un objectiu.

Perquè el canvi conceptual tingui lloc, cal adquirir informació nova. Tanmateix, és força clar que la simple recepció d'informació nova no és suficient perquè s'engegui un procés de canvi conceptual. Això pot servir per entendre el fracàs generalitzat de l'ensenyament tradicional, o de l'aprenentatge per descobriment, en relació amb la comprensió de certes idees científiques per a una gran majoria d'alumnes. Cada cop és més evident, per tant, que el professorat ha de comprendre com pensen les criatures per poder treballar *amb* i *des d'*aquest coneixement infantil.

El fracàs en l'aprenentatge conceptual sembla que també pot relacionar-se amb si es dóna o no suport al desenvolupament de les capacitats metacognitives, perquè una capacitat metacognitiva més rica permet als nens i nenes identificar i descriure diferents fonts de problemes en les seves pròpies idees. Les estratègies didàctiques que incorporen elements metacognitius es mostren més útils, perquè creen situacions que permeten passar del model *reproduir coneixement*, al model *examinar les pròpies idees i les idees de les altres* persones (Sinatra i Pintrich, 2003).

En un procés de canvi conceptual, l'objectiu no hauria de ser substituir el model intuïtiu pel model expert, la qual cosa, d'altra banda, s'ha vist que és impossible en molts casos. Més aviat, cal saber ajudar a usar cadascun dels models segons el context on ens situem (Pozo i Flores, 2007).

Com veurem de manera més detinguda en els propers apartats, el que cal tenir molt clar és que hi ha casos en què el canvi conceptual és un canvi dèbil i fàcil, i d'altres en què és un canvi més radical i més difícil de portar a terme. Tenir això clar hauria d'ajudar el professorat a elaborar el projecte curricular de l'àrea i a dedicar més temps als conceptes i a les idees que ara mateix ja sabem que són més difícils de canviar. Al capítol 4, hi ampliem aquest aspecte.

El que hem anat afirmant, doncs, al llarg de tot aquest apartat és que, en el cas dels alumnes, igual que en el cas de la ciència, hem de partir del fet que els infants tenen estructures teòriques prèvies i, per tant, aprendre comporta sovint alterar radicalment aquestes estructures, no només afegir-hi elements. Per això es pot afirmar que el desenvolupament conceptual no és simplement una qüestió d'acumular conceptes nous, sinó que implica canvis importants en els conceptes i en els sistemes conceptuals.

Processos de canvi en les teories intuïtives dels nens i nenes

Ara com ara, existeixen maneres diverses de concebre l'estructura i les formes de canvi de les teories intuïtives, que probablement acabaran donant lloc, tard o d'hora, a una teoria més àmplia que les articuli, perquè, en realitat, es tracta de diverses hipòtesis teòriques, cadascuna de les quals explica bé un conjunt de situacions, però deixa sense explicar-ne algunes altres (Vosniadou, 2008). En aquest capítol, hi exposarem dues d'aquestes concepcions, plantejades respectivament per les psicòlogues Stella Vosniadou i Michelene T.H. Chi. Escollim aquests dos exemples pel reconeixement que han assolit en la literatura especialitzada, perquè han analitzat els processos de canvi conceptual en nens i nenes d'educació infantil i primària i per què ho han fet sobre diversos temes científics.

El plantejament de Vosniadou: teories marc, teories específiques i models sintètics

La psicòloga grega Stella Vosniadou concep el coneixement intuïtiu com un coneixement implícit de naturalesa teòrica (Vosniadou, 1994; Vosniadou, Vamvakoussi i Skopeliti, 2008). L'argumentació d'aquesta autora es pot resumir de la manera que exposem a continuació:

> Quan un alumne s'enfronta a una tasca o a una pregunta oberta i productiva, genera una resposta que prové de la seva representació mental sobre el problema (model mental), que, al seu torn, deriva de l'experiència empírica sobre el fenomen en qüestió, però també, i molt especialment, d'una sèrie de principis implícits de caràcter ontològic i epistemològic. Els principis (o pressupòsits) ontològics es refereixen a com el nen o la nena categoritza ontològicament una entitat determinada, és a dir, de la seva manera d'entendre com és el món (com està fet i de què està fet). Els principis (o pressupòsits) epistemològics, d'altra banda, orientarien d'una manera general la manera com pensen que les persones coneixen. Un exemple de principi epistemològic és pensar que «les coses sempre són com aparenta que són».

Per a Vosniadou (quadre 23), a la ment infantil existirien una sèrie de teories marc intuïtives (que ella anomena *naïve framework theories*) formades per pressupòsits ontològics i epistemològics inicialment implícits, que actuen com a marc del procés de construcció de coneixement, perquè orienten la mirada i la comprensió. Els nens i nenes comprenen *amb* o *des d'*aquestes teories marc. A la vegada, també existirien una sèrie de teories específiques (*specific theories*) conformades per creences o idees verbalitzables, que descriuen les propietats i els comportaments dels objectes i que procedeixen de l'evidència empírica obtinguda a través, sobretot, de la per-

Quadre 23. Gènesi del model mental inicial sobre la forma de la Terra segons Vosniadou

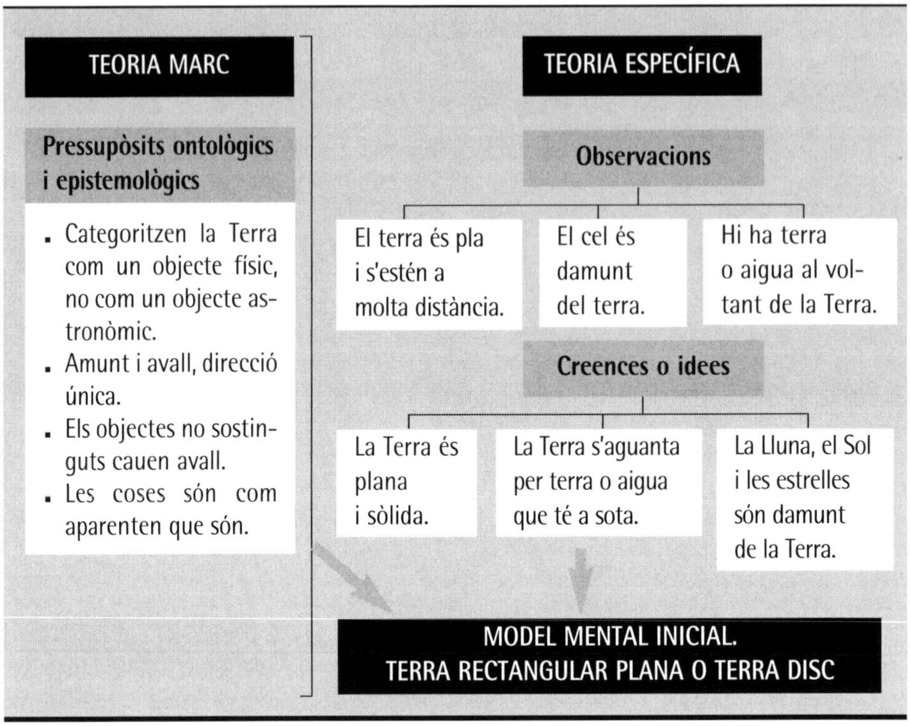

cepció del món i, en menor mesura, de la informació rebuda de l'entorn cultural. Les teories específiques estarien subjectes a les restriccions que imposen els principis ontològics i epistemològics de les teories marc.

Segons aquest model, els coneixements científics infantils estarien integrats en aquests dos marcs teòrics que les criatures construeixen, d'una manera completament implícita, des de molt aviat. A partir d'aquests marcs teòrics inicials, els nens i nenes generarien diversos models mentals i, amb aquests models mentals, podrien construir explicacions sobre una diversitat de fenòmens que, normalment, són diferents de les explicacions de la ciència experta. Sovint, les diferències més importants en aquestes explicacions les trobem a la naturalesa dels pressupòsits de la teoria intuïtiva respecte dels pressupòsits de la teoria científica. En el cas del concepte de Terra que apareix a l'exemple del quadre 23, el model inicial sobre la forma de la Terra que construeixen els nens i nenes de 4 i 5 anys és un model de Terra plana (Vosniadou, 1994). Els estudis de Vosniadou mostren com aquest model inicial de Terra plana no és usat pels nens i nenes només per explicar la forma de la Terra, sinó que també influeix en les explicacions d'altres fenòmens, com ara la successió de dia i nit o l'estructura interna de la Terra (Vosniadou i Brewer, 1994). Així, dibuixos com el de la imatge 6, en què implícitament s'està usant un model de Terra plana per representar-ne l'interior (per això, les capes es dibuixen horitzontalment i no concèntricament) són molt freqüents en nens i nenes de segon, mentre que en nens i nenes de sisè apareixen rarament (Martí, 2010*a*).

Segons aquest plantejament, doncs, els infants arribarien a l'educació primària amb una sèrie de models mentals inicials sostinguts en observacions i creences, però també en principis teòrics dels quals no són conscients. Les noves informacions i experiències que els mestres introdueixen a través de tipus diferents de tasques conduirien els nens i nenes a construir models mentals nous que l'autora anomena *models sintètics*, que són fruit de l'intent dels infants per encaixar la nova informació amb el model mental inicial. L'autora considera que és força inevitable que es produeixin aquests models sintètics (i, per tant, no s'haurien de considerar un problema), perquè són el resultat de l'esforç cognitiu que els nens i nenes fan per intentar donar sentit a les noves informacions que, en l'àmbit de l'ensenyament de les ciències, solen ser inconsistents o contradictòries amb els principis que orienten les seves teories implícites i amb els seus models mentals inicials. Per tant, segons Vosniadou, l'evolució des dels models inicials cap als models experts sempre suposarà l'aparició de models sintètics.

Imatge 6. Què hi ha dins la Terra i com està disposat? (Alumne de segon de primària. Escola Lluçanès. Prats de Lluçanès) Com es veu al dibuix, aquest nen utilitza un model de Terra plana (capes horitzontals) per representar l'interior de la Terra

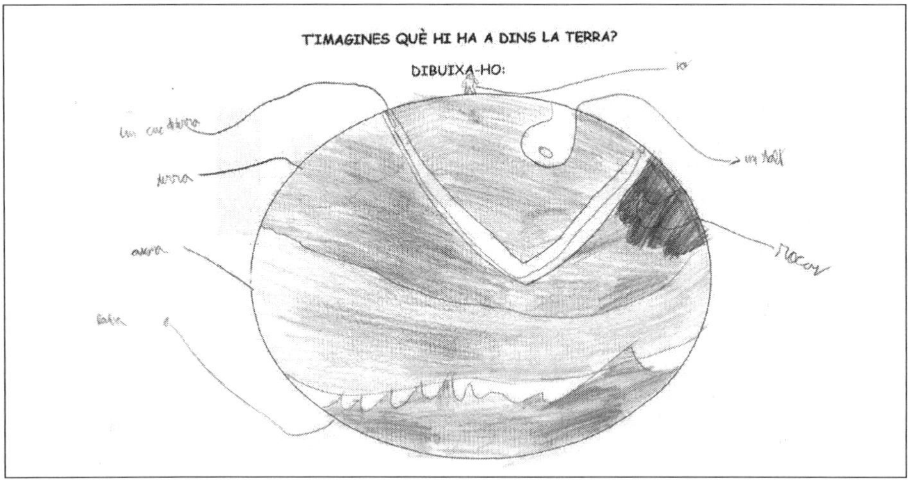

Al quadre 24, s'hi mostren els diversos tipus de models mentals sobre la forma de la Terra que van obtenir Vosniadou i Brewer (1992) en l'estudi que van fer.

Per a Vosniadou, les dificultats en l'aprenentatge de certs conceptes (o models explicatius) científics apareixen quan les noves informacions que cal adquirir són inconsistents amb les observacions disponibles, les creences prèvies i/o els principis ontològics o epistemològics de les teories marc subjacents. En el cas del model sobre la forma de la Terra, per exemple, la idea que la Terra és una esfera i que les persones que viuen al pol sud no cauen, contradiu tant les percepcions quotidianes (no veiem la Terra esfèrica), com alguns dels principis ontològics («Només hi ha una sola direcció amunt i avall» i «Les coses que no s'aguanten, cauen»).

Els alumnes i les alumnes no són conscients dels supòsits subjacents a les seves pròpies teories implícites –d'aquí que diem que són implícites!–, i per això hauran de ser els mestres els qui detectin de manera concreta quines són les possibles inconsistències entre les idees expressades pels infants i els models científics. Això només es pot fer comparant les idees que l'alumnat verbalitza, amb les mateixes idees però preses des del punt de vista

Quadre 24. Models mentals infantils sobre la Terra (Vosniadou i Brewer, 1992)

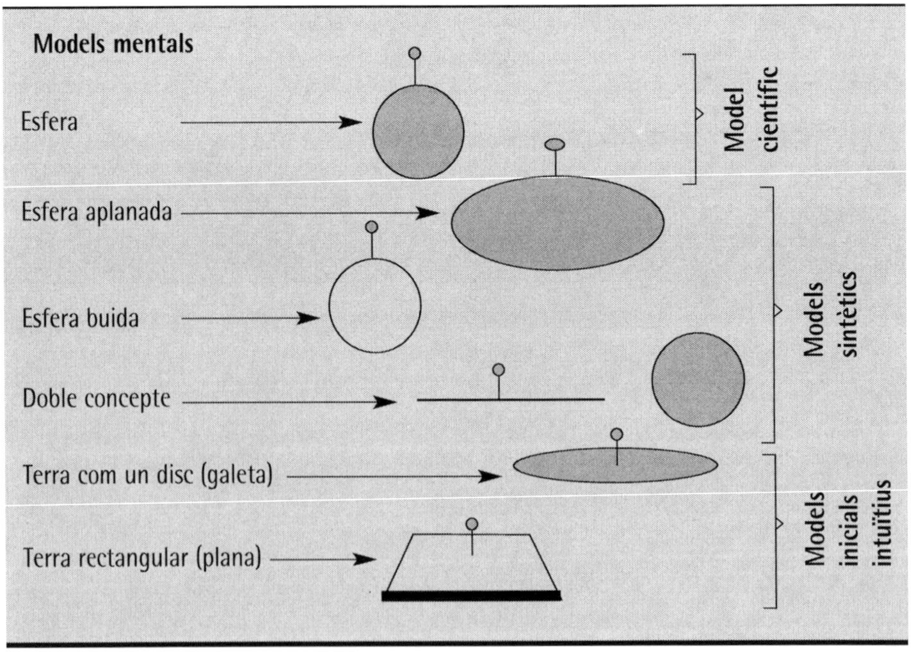

de la ciència. D'aquí ve, per tant, la importància que els escolars expressin els seus coneixements de manera reiterada, ja sigui verbalment o per escrit, i d'aquí ve, també, que sigui tan important que els mestres dominin el coneixement científic expert i, al mateix temps, coneguin els estudis existents sobre el coneixement científic infantil.

Moltes vegades, el que passa a la realitat de les aules és que els nens i nenes simplement afegeixen les noves peces d'informació a l'estructura conceptual existent, la qual cosa origina el que s'ha anomenat *coneixement inert*. El coneixement inert seria informació emmagatzemada en una estructura separada, que només s'usa en determinades ocasions i en contextos específics, per exemple: per respondre les preguntes memorístiques d'un examen.

L'aparició de coneixement inert (en el pitjor dels casos) o l'evolució dels models mentals inicials (en el millor dels casos) depenen bàsicament dels propis alumnes, perquè el canvi conceptual és un procés intencional que només pot fer el propi individu (Sinatra i Pintrich, 2003), però també depenen, i molt, de les tasques que els mestres proposen als alumnes. Òbviament, no totes les tasques són igualment útils per aconseguir l'evolució conceptual i evitar la simple adquisició de coneixement inert. En aquest sentit, segons el model de Vosniadou, un dels problemes principals és que els nens i nenes no són conscients del caràcter hipotètic de les pressuposicions i creences que emmarquen la manera com interpreten la informació, així doncs, perquè es produeixi el canvi conceptual, caldrà oferir-los ocasions per reinterpretar les seves pròpies idees. Això es pot fer, per exemple, proposant-los d'imaginar explicacions contràries a la pròpia –«I si la Terra en realitat no és plana?»; «Pot ser que ens pensem que la Terra és plana però en realitat no ho sigui?» (totes dues preguntes fan qüestionar el principi epistemològic que *les coses són sempre com aparenta que són*); «Què ens podria fer pensar que la Terra no és plana?» (aquesta pregunta fa buscar evidències que permetin sostenir una idea alternativa, aparentment poc plausible per a una criatura de 5 anys.

El model de Vosniadou no concep el canvi conceptual com un procés de canvi sobtat d'una teoria a una altra, sinó que l'entén com un procés continu que es dóna de manera gradual a mesura que les diferents restriccions, i especialment les que pertanyen a la teoria marc, són reinterpretades. Només una bona formació dels mestres en relació amb els models mentals infantils, una actuació similar de tots els mestres que intervenen al llarg de l'etapa i una bona coordinació pedagògica del projecte curricular de l'àrea permetran treballar per assolir canvis en les teories intuïtives dels infants que siguin més persistents.

El plantejament de Chi: canvis en les categories ontològiques

La psicòloga nord-americana Michelene Chi fa un plantejament lleugerament diferent del de Vosniadou, encara que no es contradiuen entre ells i fins i tot es poden arribar a considerar complementaris. Si, en l'argumentació de Vosniadou, es fa referència a l'existència de teories marc i de teories específiques per interpretar el coneixement intuïtiu infantil, Chi apel·la al paper central que té la categorització ontològica.

Chi (2008) considera que qualsevol concepte –ocell, roca, cor, calor, Terra, so, salamandra, etc.– té un conjunt de característiques perceptuals i d'atributs conceptuals que ens permeten situar-lo en una categoria determinada. Per això, aquesta autora situa la categorització –assignar un concepte a la categoria ontològica a la qual es considera que pertany– com un procés fonamental d'aprenentatge, perquè, un cop categoritzat, el concepte hereta els atributs perceptuals i conceptuals de la categoria a la qual s'ha assignat, i això permet elaborar determinades inferències. Per exemple: si em diuen que el quetzal és un ocell (pertany a la categoria ontològica *ocell*), aleshores puc inferir que vola, que pon ous..., malgrat que mai no hagi vist cap quetzal. La capacitat de categorització està ben desenvolupada almenys des dels 4 anys, i molt probablement és present en les criatures des de molt abans.

Chi proposa considerar tres arbres jeràrquics que corresponen a tres grans categories ontològiques: entitats, processos i estats mentals (quadre 25).

Aquestes tres categories superiors no comparteixen cap propietat entre elles, en canvi, les categories laterals en un mateix arbre –per exemple: *natural* i *artificial* en la categoria *entitats*– tenen propietats excloents, enca-

Quadre 25. Arbre jeràrquic de categories ontològiques de Chi

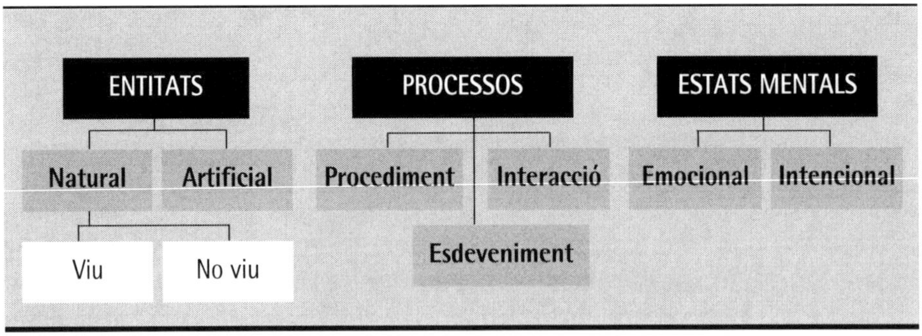

ra que també comparteixen algunes propietats pel fet de formar part d'una mateixa categoria superior.

Des del punt de vista de l'aprenentatge científic, els problemes més importants apareixen quan es categoritza un concepte en una categoria lateral però *d'un arbre ontològic diferent*. Segons el model de Chi, aquests són els casos que originen les concepcions alternatives més difícils de canviar. Hi ha molts casos en què es manifesta aquest problema, per exemple: en els conceptes físics d'electricitat, força, so, calor o llum, que són normalment assignats pels nens i nenes a la categoria *entitats materials*, en lloc d'assignar-los a la categoria *processos*. També és el cas del concepte de selecció natural, que els alumnes assignen a la categoria de processos directes,[33] en lloc d'assignar-lo a la categoria de processos emergents.

Una segona línia d'argumentació de Chi fa referència a les circumstàncies en què apareixen les dificultats d'aprenentatge. Aprendre sempre és relacionar el coneixement que hom ja té amb el coneixement nou que adquirirà, i les dificultats d'aprenentatge més grans apareixen quan el coneixement prèviament existent entra en conflicte amb el nou coneixement que es pretén adquirir, perquè, en aquest cas, serà necessari un procés de canvi conceptual més radical. Recordem que no és el nen o la nena qui s'adona del conflicte, sinó l'ensenyant.

Chi amplia aquest argument considerant que el coneixement es pot representar a tres nivells d'organització, que, de menys a més integrador, serien: les creences individuals, els models mentals i les categories ontològiques.

Al nostre entendre, una aportació molt interessant que fa Chi és indicar possibles línies d'acció quan es dóna un conflicte entre el coneixement previ i el coneixement científic que es pretén adquirir, segons si es tracta de creences o idees, models mentals o categories ontològiques (quadre 26).

Ens trobem davant d'un conflicte entre la idea o la creença de l'alumne i la idea científica quan totes dues es contradiuen. En aquest cas, el canvi conceptual comportarà la revisió de les creences de l'alumne usant un procés de refutació, és a dir, demostrarà que la creença o la idea és errònia, a tra-

33. Chi defineix un *procés directe* com aquell que té un sol agent causal fàcilment identificable, que causa un efecte de manera seqüencial i determinada. Cita com a exemple la formació en V dels avions militars. Per contra, defineix un *procés emergent* com aquell que no té un sol agent causal identificable, ni es dóna en una seqüència determinada de passos, sinó que més aviat és el resultat de la interacció simultània, col·lectiva i no dirigida de tots els agents que hi intervenen. En aquest cas, posa d'exemple la formació en V de molts ocells quan migren.

Quadre 26. Dificultats d'aprenentatge científic (Chi, 2008)

Nivell del conflicte	Situació	Tipus de canvi conceptual	Tipus d'actuació
Creences (idees)	Conflicte entre la creença i el coneixement nou.	Revisió de creences.	Refutació per demostrar que un argument o una idea és fals o erroni.
Models mentals	Conflicte entre el model mental inicial i el model mental expert.	Transformació del model mental.	Revisió progressiva de les creences que es consideren crítiques.
Categorització	Conflicte fruit d'un error en el procés de categorització.	Canvi de categoria.	Consciència i construcció d'una categoria nova.

vés de la formulació d'una sentència contrària o donant informació que contradigui la creença. Aquest mecanisme pot ser útil quan es tracti de fets pels quals no hi ha evidències fortes a favor de la idea de l'alumne. No seria el cas, per exemple, de la forma de la Terra, perquè l'alumne té moltes més evidències que aquesta és plana, que no pas que és esfèrica. Tampoc no és el cas dels conceptes d'adaptació o de selecció natural, que es donen en una escala temporal que no és la que els nens i nenes experimenten quotidianament.

Una segona situació problemàtica s'esdevé quan el que entra en conflicte són dos models mentals, el de l'alumne i el científic. Dos models es poden considerar diferents quan condueixen a prediccions diferents, generen explicacions diferents i/o inclouen components diferents. Prenem el mateix exemple, el model de circulació sanguínia, que proposa Chi (2008) per il·lustrar aquest cas. El model de circulació simple que expressen alguns alumnes (en què només hi ha un circuit sanguini i no dos, el corporal i el pulmonar) difereix del model de circulació doble de la ciència experta, perquè condueix a fer prediccions diferents sobre on va la sang des del cor, explica de manera diferent on s'oxigena la sang i conté components diferents, perquè, per exemple, no contempla ni els pulmons ni tot el circuit pulmonar. Malgrat tot, el model de circulació simple és un model mental coherent i útil per als alumnes, que el poden usar per oferir explicacions o prediccions consistents, encara que les haguem de considerar incorrectes o defectuoses des del punt de vista del model científic expert.

Quan hi ha un conflicte entre models, Chi assenyala la necessitat de transformar el model mental inicial, per això proposa fer una revisió successiva de les creences o de les idees més centrals d'aquest model inicial. Tots els models, fins i tot els experts, poden contenir idees correctes i idees falses –recordem que els models són fulls de ruta i no pas veritats sobre el món–, de manera que la incorrecció o els defectes d'un model no depenen del nombre d'idees falses, sinó del nombre d'idees falses que exerceixen un paper central i crític en la configuració del model.

Chi adverteix que el procés de revisió de les idees crítiques no és gens senzill, perquè si les noves idees es presenten com a simples afirmacions que no refuten les idees de l'alumne, el que es donarà serà un procés d'enriquiment sense que realment es modifiqui el model mental defectuós. Per exemple: si a l'alumne simplement se li diu (o llegeix) que «la part dreta del cor bombeja sang als pulmons i la part esquerra bombeja sang a la resta del cos», això no contradiu el model simple de circulació, perquè l'alumne pot continuar pensant que la part dreta va als pulmons a deixar l'oxigen (i no a rebre'l), i per tant és una informació que potser només s'afegirà al model inicial sense canviar-lo substancialment en res.

Per contra, quan l'alumne sí que reconeix la contradicció entre el propi model i la nova informació, aleshores és més fàcil que es doni la revisió de la idea inicial. La hipòtesi, per tant, és que l'acumulació de nombroses revisions d'idees crítiques condueix a la transformació global del model mental defectuós. Al nostre entendre, això es donarà més fàcilment en aquells models, com ara el del sistema circulatori que l'autora fa servir d'exemple, per als quals els infants no tenen gaires evidències empíriques que els reforcin el seu model intuïtiu.

Una conseqüència evident de la situació plantejada en els paràgrafs anteriors és que, a l'hora de definir el model expert que volem treballar, caldrà identificar molt bé quines en són les idees bàsiques i distingir-les d'aquelles que també el conformen però que no tenen un paper tan crític. Per exemple: l'existència d'una doble circulació en l'aparell circulatori humà és molt més central que no pas el coneixement detallat de moltes parts de l'aparell, perquè permet entendre la relació amb l'aparell respiratori o comprendre l'existència dels quatre compartiments del cor. Als mestres, per tant, els cal saber reconèixer quines són les idees o els fets més crítics de cada model expert.

Finalment, el cas que Chi considera més difícil de modificar, i que dóna lloc a les concepcions alternatives més resistents al canvi, és quan el conflicte apareix com a producte d'un procés erroni de categorització. En aquesta situació, el canvi conceptual comportarà necessàriament un canvi de categorització. Per això l'acció educativa s'haurà de dirigir, d'una banda, a assegurar-se que les alumnes i els alumnes disposen de totes les categories necessàries i, d'altra banda, a fer que les alumnes i els alumnes prenguin consciència que han comès un error de categorització.

Els estudis de Chi i els seus col·laboradors han posat de manifest dues situacions especialment dificultoses (Chi, 2008). La primera apareix quan un fenomen és situat pels nens i nenes (i també per moltes persones adultes!) a la categoria d'entitats, i en el model expert pertany a la categoria de processos. Com ja s'ha dit, això passa sobretot amb conceptes físics com ara força, calor, electricitat, llum i so. A més a més, en molts d'aquests casos, el llenguatge no hi ajuda gens, perquè normalment s'usen substantius per referir-se al que realment són processos o (inter)accions. Per exemple: quan es diu «Tanca la porta que no entri la calor», de la mateixa manera que es diu «Tanca la porta que no entri el gat», o quan es diu «Aquella paret no deixa passar el so», igual que es diu «Aquella paret no deixa passar la pilota». Com caldria actuar en aquests casos?

Segons Chi, la refutació a nivell de creences només provoca revisions locals del coneixement al mateix nivell de les creences, però no actua a nivell de les categories. Analitzem, per exemple, la falsa creença «La fredor del gel va a parar a l'aigua i per això l'aigua es refreda». En aquesta creença, els infants assumeixen que el gel conté una certa substància freda (la fredor) que anirà a l'aigua del voltant i la refredarà. Per refutar aquesta creença al nivell de les idees, les mestres i els mestres haurien d'afirmar que l'aigua no es refreda perquè guanyi fredor, atès que el gel no conté cap «substància» freda. La fredor no pot anar del gel a l'aigua, simplement perquè no existeix. Tanmateix, aquest procés de simple refutació només funciona bé quan dues creences es contradiuen. En el cas de la «fredor», la contradicció no és aparent a primera vista, perquè res no fa pensar als nens i nenes que la «fredor» no pugui existir com a entitat no observable. Aleshores, com es pot canviar una idea falsa com que «El gel té fredor»? Quina alternativa pot concebre un alumne que no sigui l'existència de «substàncies fredes»? Vista la situació, és evident que allò que s'hauria d'ajudar els alumnes a revisar no és el tipus de substància, sinó la pròpia idea de substància, i això només es podrà fer si les activitats que el professorat planteja tenen l'objectiu de facilitar un canvi en la manera de categoritzar ontològicament la fredor (o la calor), fent veure que no és una entitat, sinó un procés.

En qualsevol procés de canvi conceptual en què s'hagi detectat que la solució al problema rau en el fet que l'alumnat revisi les seves categoritzacions, sempre caldrà superar dues barreres. La primera és que cal que els infants siguin conscients que han comès un error de categoria, la qual cosa suposa que han de saber contrastar les seves idees a nivell de categories, i això a primària implicarà molt de suport per part del professorat. La segona és que han de disposar de la categoria alternativa correcta a la qual s'ha d'assignar el concepte, i això també implica suport.

Volem acabar el capítol amb una citació de K.E. Metz, que, en certa manera, ens retorna a l'inici:

> *Es para poca atenció a reforçar i millorar el coneixement en dominis específics, tot i que la recerca ha posat clarament de manifest la importància d'aquest coneixement per al desenvolupament de les habilitats de raonament científic, i per això apareix un cercle viciós: la competència de l'alumnat sovint és menor perquè no es té prou en compte el coneixement que té quan se li ensenya; aquest resultat fluix dóna lloc a raonaments pobres [per part de l'alumnat] i a una subestimació de les seves capacitats de raonament [per part del professorat]; la subestimació de les capacitats de raonament, interpretades com el sostre propi de l'edat, dóna lloc a currículums molt diluïts; els currículums diluïts proporcionen menys oportunitats d'aprendre i de millorar el coneixement específic, de manera que es dificulta la millora del raonament. Resumint, atès l'impacte que té el coneixement específic en el raonament científic, l'enfocament que habitualment predomina en els currículums reals simplement manté el raonament científic més o menys al mateix nivell que tenia quan els infants van entrar a l'escola.* (Metz, 2000, p. 374)

Vist el que s'ha vist en aquest capítol, no deixa de ser curiós (per dir-ho d'alguna manera) que el Reial Decret de Mínims de la nova ordenació curricular parli només de l'existència d'estadis i no faci cap referència àmplia ni a la idea de coneixement intuïtiu, ni a la idea de canvi conceptual, ni tampoc no es doni cap orientació per treballar amb les idees de l'alumnat.

Si ens hi fixem bé, tota l'argumentació de Chi i de Vosniadou es mou al voltant de saber apreciar la diferència que hi ha entre el coneixement expert i el coneixement intuïtiu dels infants. Això significa que el coneixement didàctic dels mestres i de les mestres ha d'incloure necessàriament el domini, fins a un cert nivell, dels models tèorics experts, però també, i sobretot, el coneixement profund de les idees i els models teòrics infantils. Sense un ampli coneixement d'aquests dos aspectes, serà impossible poder identificar les diferències i les dificultats, així com planificar els ajuts necessaris. La formació dels mestres, inicial o permanent, no sempre ha servit per introduir aquests coneixements i aquestes reflexions. Per això dediquem el proper capítol a introduir una síntesi del coneixement que s'ha anat adquirint aquests darrers anys sobre les idees i els raonaments científics dels nens i nenes de 6 a 12 anys en relació amb la matèria i amb els éssers vius que ens serveixin per situar el punt de partida des del qual podem plantejar el disseny de les progressions d'aprenentatge corresponents.

En aquest capítol, hi hem descrit els plantejaments psicològics que subratllen que l'aprenentatge és, sobretot, un procés de domini específic, i hi hem exposat una manera de concebre i de caracteritzar el coneixement inicial dels nens i nenes. Això ens ha conduït a veure com la construcció de coneixement científic sempre comporta processos de canvi conceptual, i per això hem identificat els tipus de canvi conceptual i alguns dels mecanismes que ajuden a promoure'l.

4

El coneixement intuïtiu dels infants, punt de partida del disseny curricular

La ciència és, abans que res, un món d'idees en moviment.
(François Jacob)

Abans de començar, pensem-hi una estona....

- Què saben els nens i nenes (sobre els éssers vius o sobre l'estructura de la matèria) quan entren a primària?
- El coneixement inicial que tenen els nens i nenes, és molt lluny del coneixement científic? En quins aspectes?

Tal com s'ha plantejat de manera general en el capítol anterior, els nens i nenes són pensadors teòrics i disposen de maneres de raonar i de coneixements força ben articulats, adquirits de manera intuïtiva i implícits, sobre molts fenòmens físics i biològics que també són explicats des del coneixement científic expert.

Tal com il·lustràvem al quadre 3 de la pàgina 39, un dels objectius principals de tot projecte curricular de ciències a l'educació primària hauria de ser promoure l'evolució del coneixement inicial que tenen els infants sobre la matèria, els éssers vius, la Terra i l'Univers, com també sobre els diversos processos en què participen aquestes entitats. En aquest sentit, el disseny curricular per a l'àrea de coneixement del medi natural, social i cultural de Catalunya fa l'afirmació següent (DOGC, 2007):

Tots els infants construeixen representacions del món i aprenen a elaborar explicacions personals sobre allò que els envolta. L'aula és el lloc on s'han d'explicitar aquestes idees prèvies i les diverses concepcions del món que estan a la base dels processos personals d'aprenentatge.

Més endavant, hi afegeix:

La transformació d'aquestes idees inicials en d'altres que estiguin més fonamentades en el coneixement actual de les diferents disciplines de l'àrea requereix un treball que n'afavoreixi l'evolució al llarg dels cicles.

Plantejar-se com a objectiu l'evolució de les idees dels infants implica, d'una banda, disposar d'un cert nivell de comprensió de les característiques del coneixement intuïtiu inicial que tenen els nens i nenes quan arriben a l'educació primària i, d'una altra banda, saber construir progressions d'aprenentatge (*learning progressions*) que promoguin el procés d'evolució teòrica.

Tenir una representació clara del punt de partida (el coneixement intuïtiu dels infants tal com l'ha caracteritzat la recerca) i del punt d'arribada (el coneixement expert o una certa transposició del coneixement expert) hauria de fer més fàcil la presa de decisions sobre el disseny curricular per a un bloc determinat de continguts conceptuals. Aquest disseny, aleshores, hauria d'adoptar la forma de línies de progrés en relació amb les idees i els tipus de raonament científic que es vol contribuir a desenvolupar. Això és el que proposa la literatura sobre progressions d'aprenentatge (*learning progressions*), que recentment ha assolit una notable importància en la didàctica de les ciències en l'àmbit del desenvolupament d'estratègies de disseny curricular (Duncan i Hmelo-Silver, 2009) i que en el nostre entorn ja tenia alguns precedents (García, 1998). Les progressions d'aprenentatge plantegen un disseny curricular format per seqüències d'ensenyament i aprenentatge que acaben recorrent un itinerari que va des del coneixement infantil cap al coneixement expert al llarg d'una sèrie d'anys o al llarg de tota una etapa. El seu procés d'elaboració es fonamenta, bàsicament, en els resultats de la recerca sobre el coneixement científic dels nens i nenes[34] (National Research Council, 2007, vegeu el monogràfic de *Journal of Research in Science Teaching*)[35] i en una selecció prè-

34. Segurament, el que fins ara majoritàriament dominava en el disseny curricular era la simplificació del coneixement expert adequant-lo a les suposades capacitats cognitives de l'alumnat, sense tenir en compte el coneixement específic que aquests nois i noies tenien en relació amb un tema determinat.
35. Volum 46, número 6, editat l'any 2009.

via de grans idees científiques (National Research Council, 2011). Com que, per definició, qualsevol progressió d'aprenentatge s'ha de posar a prova i avaluar, es tracta d'una línia de col·laboració molt important entre grups de recerca en didàctica i mestres de primària, que sens dubte caldria promoure.

Més que fer una síntesi de la vasta quantitat de recerca realitzada sobre concepcions alternatives dels alumnes,[36] el que intentem és caracteritzar algunes de les assumpcions o dels pressupòsits de caràcter general que conformen el coneixement intuïtiu dels infants en els dos àmbits escollits. Tal com afirma Talanquer (2009):

> *Es poden identificar ben poques assumpcions implícites que guien i restringeixen el pensament infantil [en àmbits diferents]. Aquesta identificació aporta un marc útil que els mestres poden usar per comprendre molt millor algunes de les dificultats [i concepcions alternatives] de l'alumnat.*

En el fons, és a aquest conjunt d'assumpcions, que formen el nucli central del coneixement intuïtiu infantil, que caldria dirigir la nostra atenció educativa. Per això, a cada apartat es mostren dos quadres que resumeixen les línies principals de progrés en l'aprenentatge i que poden servir de guia a l'hora de desenvolupar qualsevol projecte curricular.

Per al cas de la matèria hem aprofitat el treball recent de Talanquer (2009). Per al cas dels éssers vius, presentem la nostra pròpia proposta de síntesi, atesa la manca de treballs en aquest sentit.

El coneixement infantil sobre els éssers vius

L'interès pel pensament infantil sobre el concepte de vida i sobre els éssers vius ja apareix en l'obra primerenca de Piaget, però no es reprèn amb força fins a la publicació del llibre de la psicòloga Susan Carey sobre el canvi conceptual en els infants (Carey, 1985). A partir d'aquí, la recerca realitzada durant els darrers vint anys (i que encara continua) ha permès adquirir un coneixement relativament ampli sobre les formes generals de raonar en relació amb els éssers vius i amb els processos biològics.

36. Els lectors interessats poden consultar, en castellà, algunes obres de síntesi sobre concepcions alternatives, com ara Driver i altres, 1999. Els lectors que dominin l'anglès trobaran fàcilment moltes més referències, més actualitzades, en les revistes especialitzades, tant de didàctica de les ciències com de psicologia cognitiva.

Formes generals de raonament infantil sobre els éssers vius

Des de ben petits, els nens i nenes fan una clara distinció ontològica entre els éssers vius (inclosos els humans) i les entitats no vives (inclosos els artefactes humans), de manera que raonen de manera diferent sobre uns i altres. Per al cas concret dels éssers vius, la investigació ha posat de manifest que, almenys des dels 3 o 4 anys (i probablement molt abans), els éssers vius formen una categoria ontològica amb identitat pròpia, és a dir, són una realitat distinta i clarament diferenciada del món no viu (Medin i Atran, 1999). Per exemple: quan als infants de parvulari se'ls proposa que classifiquin animals i ninots que simulen animals, classifiquen junts els animals encara que no s'assemblin, i separen animals i ninots encara que s'assemblin. Per tant, hi ha una distinció clara i molt precoç entre els animals i els artefactes, que possiblement va associada a considerar els animals com a agents intencionals (és a dir, que actuen intencionalment en base a propòsits) en contraposició als artefactes, als quals no els atribueixen aquesta característica (Carey, 1985).

En relació amb les plantes, alguns estudis (Carey, 1985) han mostrat que les criatures molt petites no les consideren éssers vius, tot i que sembla que aquest resultat depèn de la tasca que se'ls planteja, de manera que apareix més sovint quan simplement es demana classificar entre viu o no viu, i no apareix tan sovint quan es fa observar als nens i nenes propietats característicament biològiques, com ara créixer. La consideració del moviment com a atribut central del concepte infantil d'ésser viu pot ser el causant de la dificultat que presenten moltes criatures per situar les plantes entre els éssers vius. En un treball molt interessant, Opfer i Siegler (2004) han mostrat com el fet d'observar situacions en què les plantes es mouen perseguint un objectiu (fototropisme, hidrotropisme), ajuda més els nens i nenes de 4 a 6 anys a integrar-les en un nou concepte d'ésser viu, que no pas que se'ls presentin uns altres tipus de característiques, tot i que siguin més significatius per a la biologia experta, com ara respirar, créixer, etc.

En relació amb la categoria *animals*, és força habitual que els nens i nenes més petits no incloguin els humans en la categoria més àmplia dels animals.

La distinció ontològica entre éssers vius i altres entitats no vives, i el que comporta a nivell de raonament sobre mecanismes causals, esdevé el fonament bàsic del coneixement biològic intuïtiu dels infants. A més a més, a partir de llur experiència quotidiana, els infants van generant un conjunt de coneixements factuals sobre els éssers vius, com ara: «Les plantes s'han de regar i posar a la llum», «Alguns animals ponen ous», «Els fills s'assemblen als pares», «Uns animals es mengen els altres», «Hi ha ocells de colors diferents», etc. Són aquests dos elements, els fets empírics obtinguts de l'experiència quotidiana i les formes de raonament causal sobre la categoria ontològica *ésser viu*, allò que, en definitiva, configura el que en podem dir *coneixement biològic infantil.*

L'existència d'aquest coneixement biològic infantil és àmpliament reconeguda, tot i que no tots els experts l'interpreten i el caracteritzen de la mateixa manera (Carey, 1985; Inagaki i Hatano, 2002). Si fem una síntesi de les aportacions principals de la investigació psicològica, es pot considerar que el que és propi del raonament biològic infantil són quatre maneres de raonar que els nens i les nenes usen per parlar i explicar els fenòmens biològics i que emmarquen els seus models mentals sobre el món viu. Es tracta de l'antropomorfisme o personificació, el vitalisme, el raonament teleològic i l'essencialisme.

Antropomorfisme o personificació

L'antropomorfisme, o personificació, és un recurs cognitiu que es refereix a «l'extensió i aplicació de propietats i comportaments humans a qualsevol altre ésser viu» (Inagaki i Hatano, 2002, p. 44). En darrer terme, és un tipus de raonament analògic.

Carey (1985) va mostrar que el raonament infantil sobre els fenòmens biològics no era biològic per si mateix, sinó que la base del pensament biològic infantil seria més aviat una forma de raonament analògic en relació amb l'espècie humana. Va arribar a aquesta conclusió a partir de tres resultats:

1. Els nens i nenes escullen més habitualment els éssers humans que no pas uns altres tipus d'organismes com a referència per fer projeccions cap a espècies desconegudes.
2. Els nens i nenes infereixen de manera asimètrica, és a dir, fan més projeccions dels humans cap als animals que no pas a l'inrevés.
3. Els nens i nenes no usen la similitud morfològica com a font principal per inferir, de manera que, per exemple, fan més projeccions dels humans als escarabats, que no pas de les abelles als escarabats.

Estudis posteriors amb grups d'infants de procedències geogràfiques i culturals diferents han mostrat que les conclusions de Carey no són generalitzables i que l'antropomorfisme, lluny de ser una característica universal, està molt condicionat per dos factors: la familiaritat dels nens i nenes amb una àmplia diversitat d'organismes vius, i la consideració que es tingui, en el context sociocultural concret dels infants, de la situació dels humans en relació amb la resta d'éssers vius (Medin i altres, 2010). Així doncs, un coneixement més ampli sobre diferents espècies d'animals i de plantes disminueix la presència de raonaments antropomòrfics.[37] Per altra banda, en cultures en què els humans es conceben a ells mateixos com una part integral de la natura, també es dóna una presència menor d'antropomorfisme entre els infants. En aquests estudis no apareix cap dels resultats que obtenia Carey, de manera que els nens i nenes no prefereixen les característiques i les funcions humanes com a base de les seves inferències, no fan asimetries a l'hora d'inferir, i prioritzen la similitud morfològica, i en menor mesura l'ecològica, per inferir propietats i conductes d'organismes desconeguts.

Així doncs, tota aquesta evidència disponible ens indica que la personificació és utilitzada pels nens i nenes (sobretot els occidentals urbans), però que no és una característica universal del pensament biològic infantil. En el nostre context, però, sí que pot ser habitual la presència de la personificació en els raonaments que fan les criatures per interpretar l'estructura, els processos vitals i els comportaments d'altres éssers vius.[38]

Fragments d'anotacions que nens i nenes del cicle mitjà de l'escola Fortià Solà, de Torelló, van fer sobre les formigues que tenien a l'aula:

- «La reina té l'abdomen molt gran respecte al tòrax i, treta del formiguer, *semblava indefensa i espantada*».
- «La veritat és que no para. *És ben cert que les formigues són treballadores*».
- «Té sis potes i dues antenes. Les potes són llargues, primes i d'un color grogós. Fa la sensació que *està avorrida*, perquè *la pobra està molt sola* i tapada amb paper de diari».
- «La formiga creiem que *està molt contenta, perquè l'hem canviada de casa*».

37. El treball dels psicòlegs japonesos Inagaki i Hatano (2002) ja mostrava aquest resultat. Van observar com els infants que criaven peixos a casa usaven més sovint els peixos per fer inferències sobre uns altres animals aquàtics, que no pas els nens i nenes que no tenien aquesta experiència.

38. Probablement, molta de la literatura infantil existent reforça aquest pensament.

Si la personificació va lligada a la consideració dels processos biològics com a intencionats, és probable que l'aprenentatge de les causes mecàniques (fisiològiques) d'aquests processos ajudin a abandonar progressivament la tendència a l'antropomorfització. Així doncs, és probable que sigui més fàcil que els infants abandonin la personificació quan expliquin sobre les funcions vitals, que no pas quan raonin sobre el comportament dels animals, atès que l'analogia amb les conductes humanes pot ser més difícil d'abandonar.

En qualsevol cas, l'abandonament progressiu de l'antropomorfisme en el raonament infantil pot actuar com un bon indicador de progrés en l'adquisició de maneres noves de raonar sobre els processos biològics.

Raonament causal vitalista

El *raonament causal vitalista*, o *vitalisme*, és un terme proposat pels psicòlegs japonesos Inagaki i Hatano que suposa considerar que els organismes posseeixen una força o un poder vital que obtenen dels aliments i que té un paper central en tres processos biològics bàsics, que són el creixement, l'activitat diària i el fet d'emmalaltir. El poder vital, tal com l'usen els nens i nenes, ha estat definit com «una substància, energia o informació no especificada, que serveix per mantenir i millorar la vida» (Inagaki i Hatano, 2004, p. 356).

Quan usen el raonament vitalista, els infants no apel·len a causes purament mecàniques –expressades en termes d'energia o de reaccions químiques–, ni a causes purament intencionals –com quan es diu «l'aliment serveix perquè el cor bategui». Així doncs, els nens i nenes disposen d'un concepte abstracte que expressen fent servir termes diferents (*poder vital, força vital, energia*, etc.), que els serveix per interpretar i per predir, i que apliquen específicament als éssers vius, començant pels éssers humans, però ràpidament n'amplien l'ús als animals i a les plantes. Des dels 4 a 5 anys, ja pot ser que s'usi algun tipus de raonament vitalista.

Segons els treballs d'Inagaki i Hatano (2002), la causalitat vitalista que usen els infants no és una estructura de coneixement simple, sinó que suposa integrar creences diverses. La primera és que el poder vital es pren de l'exterior, sobretot a través dels aliments o l'aigua (molt pocs nens i nenes citen l'aire com a font de poder vital), i serveix per obtenir vigor per poder estar actiu, per evitar caure malalt i per créixer. La segona és que l'activitat dels òrgans corporals s'atribueix a l'objectiu de mantenir la vida i, perquè això sigui possible, el poder vital és essencial i imprescindible. La tercera és que no tots els aliments porten el mateix poder vital. La quarta és que el creixement és degut a l'existència d'un plus de poder vital, és a dir, que el poder vital que no s'usa per viure o per fer activitats, permet créixer. La cinquena, i última, és que la quantitat de poder vital que un organisme adquireix també es relaciona amb la possibilitat d'emmalaltir o de recuperar-se d'una malaltia, perquè una manca d'energia o de poder vital augmenta la probabilitat d'emmalaltir, tot i que molts nens i nenes també reconeixen que certs factors socials o psicològics poden influir en la susceptibilitat que pot tenir una persona de patir una malaltia. Aquesta extraordinària funcionalitat, en termes de capacitat explicativa, que té el vitalisme, explicaria que molts nens i nenes fins als 7 anys optin majoritàriament per les explicacions de caràcter vitalista, quan se'ls proposa d'escollir entre tipus diferents d'explicacions.

Malgrat les moltes possibilitats que té el concepte de poder vital a l'hora d'explicar, també pateix algunes limitacions; per exemple: molts infants el vinculen directament als aliments –o a l'aigua en el cas de les plantes–, i aquesta podria ser una de les raons que expliqués la dificultat que mostren per comprendre el paper que té la respiració en la nutrició i el creixement, o la dificultat per explicar la raó de l'augment del batec cardíac quan es fa un exercici. Tant la respiració com el batec cardíac són aspectes que els nens i nenes no poden relacionar de manera directa amb la ingesta d'aliments i l'obtenció de poder vital, i que a més a més depenen de la construcció d'un model integrat dels diversos aparells i processos implicats en la funció de nutrició.

Des d'un punt de vista didàctic, el reconeixement de la presència de la causalitat vitalista també permetria establir indicadors de progrés en la comprensió experta dels fenòmens biològics. La biologia experta no usa arguments basats en el vitalisme, sinó que apel·la a una causalitat mecànica que s'expressa en termes fisiològics i bioquímics. L'ús habitual de causes fisiològiques i l'abandonament progressiu de causes intencionals o vitalistes seria l'indicador de progrés cap a un tipus de raonament biològic més proper a la ciència experta. Això té una conseqüència immediata en relació amb la selecció de continguts, en el sentit de centrar més l'atenció en els processos fisiològics que no pas en l'anatomia (Martí, 2006; Pujol, 2003).

Raonament teleològic

El raonament teleològic és un cas més complex. Suposa pensar que l'existència o l'actuació d'una entitat està orientada a una finalitat, és a dir, té un propòsit.

Piaget ja va posar de manifest l'existència d'aquesta manera de raonar en els infants, i tant la psicologia cognitiva com la didàctica de les ciències han remarcat l'omnipresència i la importància funcional del raonament teleològic. La psicologia cognitiva ha mostrat que és una manera de raonar típica de les criatures (però que també és present en les persones adultes), que l'usen per interpretar i explicar molts fenòmens biològics (González i Meinardi, 2010).

Les explicacions de caràcter teleològic sorgeixen perquè l'estructura física i el comportament dels organismes vius es consideren una adaptació, és a dir, existeixen d'aquella manera perquè contribueixen a mantenir la supervivència (Zohar i Ginossar, 1998), i tothom coincideix a pensar que la supervivència (menjar i no ser menjat) és la finalitat que persegueix qualsevol organisme.

Un dels problemes de l'ús poc reflexiu d'aquest tipus d'explicacions és l'assumpció que si una entitat dirigeix els processos biològics cap a una finalitat o un objectiu, aleshores això implica l'atribució de propietats conscients a tots els organismes vius, o bé l'actuació d'una mena d'impuls interior o impuls vital, o bé la intervenció d'alguna entitat sobrenatural. Cap d'aquestes tres possibilitats forma part del pensament biològic expert actual i, per tant, són aspectes que caldria anar revisant en el pensament biològic infantil.

D'una manera general, les explicacions teleològiques tenen un ampli camp d'aplicació, perquè es poden usar sempre que es vulgui explicar l'existència o les propietats d'una entitat en base a llur funció: «Tenim cor per bombejar la sang», «Tenim telèfons per comunicar-nos». En alguns casos es poden considerar correctes, però en d'altres no es poden justificar des del punt de vista del coneixement científic expert, com ara quan es diu: «La pluja serveix per fer créixer les plantes». Per tant, el problema no és l'existència del raonament teleològic en ell mateix, sinó l'ús excessivament generalitzat que se'n fa.

Els estudis de Kelemen (1999) mostren que l'ús de les explicacions teleològiques canvia amb el desenvolupament, de manera que els infants més petits accepten explicacions teleològiques més fàcilment i les apliquen a situacions més diverses. La mateixa autora ha mostrat que també n'hi ha usos diversos segons la procedència cultural.

Diversos psicòlegs han estudiat fins a quin punt l'explicació teleològica està lligada a un domini concret, si és innata i a quina edat apareix un ús selectiu d'aquest tipus d'explicació. Així, Atran (1995) suggereix que les explicacions teleològiques són pròpies del domini del raonament biològic. Per aquest autor, la teleologia i l'essencialisme conformarien el nucli dur de la forma innata de pensar sobre els éssers vius. Aquest raonament teleoessencialista conduiria els infants a creure que les propietats morfològiques dels organismes són causades per essències subjacents, i que aquestes propietats tenen un paper funcional per a l'organisme. Atran reconeix que les explicacions teleològiques també poden ser aplicades als artefactes, però ho considera una situació forçada culturalment. Per això remarca que el domini inicial i propi d'aquests tipus d'explicacions és el dels organismes vius. Keil (2002), per contra, argumenta que es tracta d'una manera d'explicar que acaba essent privilegiada molt aviat en el desenvolupament en relació amb el domini de la biologia intuïtiva, encara que els nens i nenes també l'apliquen als artefactes.

Finalment, Kelemen (1999) planteja una tercera visió i proposa l'existència del que ella anomena una *teleologia promíscua*, en què aquest tipus de raonament estaria sempre lligat a l'acció dirigida a una finalitat i, per tant, inicialment s'aplicaria a moltes entitats i situacions diferents. Així, els infants la usarien per a tot allò que pensen que pot servir per a una funció i, progressivament, anirien restringint aquest ventall.

El raonament teleològic, a diferència de la personificació i del vitalisme, també apareix en el llenguatge científic, de manera que els nens i nenes se'l troben molt sovint als llibres de text, als llibres de divulgació, als documentals televisius, a les explicacions dels mestres o dels propis científics, etc. És molt habitual usar-lo, per exemple, quan es fa referència als processos d'adaptació i de selecció natural. Segons González i Meinardi (2010), el problema real és que «els alumnes produeixen el mateix tipus d'expressions però des d'un marc teòric completament diferent. Mentre que els alumnes usen la teleologia de sentit comú tal com l'ha descrita la psicologia cognitiva, els mestres o els llibres l'usen en el marc del model darwinista d'evolució per selecció natural». Això és el que en fa difícil el tractament educatiu.

En aquest sentit, Zohar i Ginossar (1998) plantegen la necessitat que els mestres i les mestres distingeixin quan l'alumnat raona sobre els fenòmens biològics de manera teleològica i quan simplement usa la teleologia com una manera de parlar. Això segon és el que, de fet, fan els científics. Per això, aquests autors plantegen que no cal eliminar aquest tipus de llenguatge a l'aula, sinó que, més aviat, cal ajudar els infants a aclarir-lo, fent-los veure quins en són els límits d'aplicació, i fent-los adonar de quan s'està raonant i de quan, per contra, només s'està parlant de manera teleològica.

Essencialisme

L'essencialisme psicològic ha estat àmpliament estudiat per la psicòloga Susan A. Gelman, que el considera un biaix cognitiu que forma part de la manera que tenim d'interpretar la realitat des de molt petits. El defineix com el fet de pensar que «certes categories tenen una realitat subjacent, o una veritable naturalesa, que hom no pot observar directament, però que dóna a un objecte la seva identitat i és la responsable de les altres similituds que els membres de la mateixa categoria comparteixen» (Gelman, 2003, p. 404). En el cas del pensament biològic, una essència seria «qualsevol qualitat que roman inalterada a mesura que un organisme creix, es reprodueix o se sotmet a certes transformacions morfològiques: d'infant a persona adulta, d'eruga a papallona...» (Gelman, 2003, p. 404).

El pensament essencialista té a veure amb els criteris i els atributs que els nens i nenes utilitzen a l'hora de considerar que un individu pertany a una espècie o a una categoria determinada. Així, alguns estudis mostren que els nens i nenes de 10 anys no es basen només en l'aparença externa per situar un individu en una espècie o en una categoria determinada, de manera que no accepten que simples transformacions superficials canviïn la identitat dels organismes. Aquesta idea, que sembla ben establerta als 10 anys, no és tan sòlida als 4 o 5, en què sí que ens podem trobar que alguns infants acceptin més fàcilment canvis superficials entre espècies o grups d'animals.

Una altra conseqüència de l'essencialisme és la creença que un membre d'una categoria determinada té el potencial innat d'esdevenir com els altres membres d'aquella categoria. Així, nens i nenes de 4 anys creuen que un animal petit adquirirà les característiques pròpies de la seva espècie, simplement en virtut del fet que n'és membre, hagi estat (o no) criat amb altres animals com ell; per exemple: una vaca farà *muu* i no *bèè*, perquè la seva «essència» és de vaca i no d'ovella, encara que de petita hagi viscut entre ovelles; una llavor de pomera creixerà com una pomera, perquè la seva «essència» és de pomera, encara que la plantem en un test on creixen flors. Aquest segon exemple és més interessant que l'anterior, perquè no hi ha cap relació morfològica directa entre la llavor i la planta adulta, com sí que hi és entre el vedell i la vaca, de manera que semblaria que, en els judicis que fan els nens i nenes, donen més valor a la procedència (la llavor ve de la pomera) que no pas a l'aspecte.

L'existència d'una essència, doncs, suposa un nou exemple, juntament amb la idea de poder vital, de l'ús infantil d'entitats abstractes i no perceptibles per construir explicacions. Afirmar que els infants tracten les categories com a portadores d'essències no implica que hi hagi unes creences determinades sobre què són aquestes essències, només implica l'acceptació inconscient de certes creences generals que podríem resumir en les consideracions següents: l'essència resideix dins l'organisme; l'essència és responsable de molts caràcters, inclosos aquells que encara no es coneixen o no s'han descobert, i l'essència és fixa i poc modificable. Justament aquesta darrera creença és la més contradictòria amb el coneixement biològic expert, en què la idea de variabilitat esdevé fonamental per comprendre conceptes clau, com ara el de selecció natural, o processos biològics importants, com ara el canvi evolutiu (Bardapurkar, 2008; Mayr, 2006). Treballar la variabilitat en els individus d'una població és un problema que no se sol plantejar a l'educació primària, i que permetria ressituar fins a un cert punt el biaix essencialista, alhora que possibilitaria treballar molts continguts matemàtics, tal com mostren clarament els treballs de Lehrer i Schauble (2004).

Implicacions del coneixement biològic infantil per al disseny curricular

Si, d'acord amb la idea de competència científica, la finalitat del projecte curricular és desenvolupar el pensament científic de l'alumnat, en aquest cas el seu pensament biològic, aleshores tot el que hem dit fins ara hauria de tenir conseqüències en la planificació de l'ensenyament-aprenentatge dels continguts conceptuals relacionats amb els éssers vius.

Al llarg del projecte curricular, caldrà pensar a introduir experiències noves entre l'alumnat per tal que pugui ampliar el ventall de fets que coneix sobre els éssers vius (conèixer animals i plantes nous, conèixer òrgans corporals nous, relacionar les estructures corporals amb les seves funcions, conèixer conductes noves, etc.). Això tothom ho té clar. El que potser ja no es té sempre en compte és que, a mesura que s'ajuda els nens i nenes a donar sentit a la informació nova, caldria parar atenció de manera explícita a l'evolució del raonament biològic dels infants, des de les formes inicials que hem descrit cap a les formes més properes a la biologia experta.

Per això pot ser útil la proposta d'una sèrie de línies generals de progrés que ens permetin descriure la direcció dels canvis en el raonament biològic infantil (i no només en el seu coneixement factual). Es tracta dels canvis que esperaríem observar a mesura que avança l'etapa (quadre 27).

El coneixement biològic intuïtiu inicial permet als nens i nenes generar explicacions sobre molts fenòmens (la classificació biològica, les funcions vi-

Quadre 27. Proposta de línies generals de progrés en l'evolució del coneixement biològic infantil

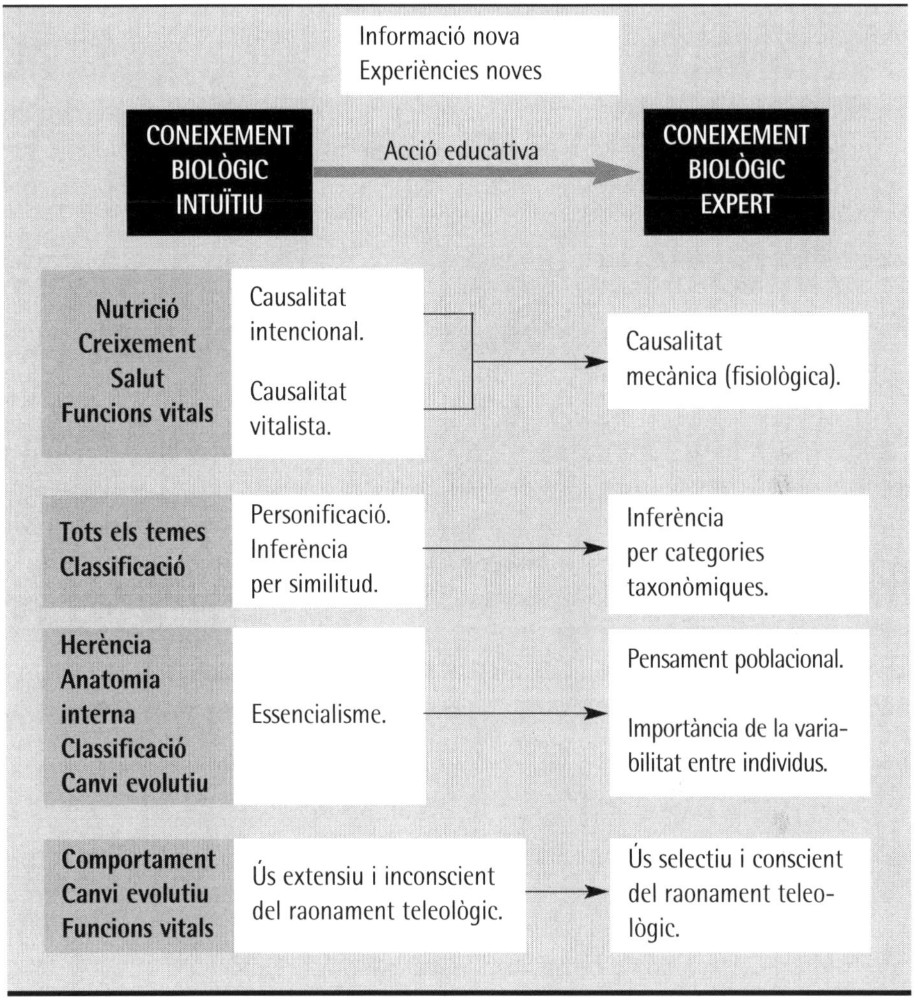

tals, l'herència, el canvi evolutiu, el comportament animal, etc.). La majoria d'aquestes explicacions solen ser alternatives a les que planteja la biologia experta (Driver i altres, 1999). Aquest retrat inicial és el que il·lustrem a la columna de l'esquerra del quadre 27, en què hem associat certes formes de raonament biològic intuïtiu amb els àmbits de problemes (en gris) als que principalment s'apliquen.

L'objectiu de les accions educatives definides en el projecte curricular de l'àrea hauria de ser dirigir les maneres de raonar inicials de l'alumnat cap a les més pròpies del coneixement biològic expert, que hem assenyalat a la columna de més a la dreta a l'esquema del quadre 27. Perquè aquest procés d'evolució es pugui donar amb alguna garantia d'èxit, és indispensable que el professorat hi actuï de manera conscient, ja que el canvi no es produeix de manera espontània, almenys en la immensa majoria d'alumnes. Això es pot afirmar perquè ho han posat de manifest molts treballs fets amb estudiants d'ensenyaments secundaris, universitaris o persones adultes no expertes, que mostren la persistència de certes formes intuïtives de raonament (encara que algunes, com ara la personificació, se superen més fàcilment) i de certes concepcions alternatives.

Des del nostre punt de vista, sobre el que caldria fer més recerca i reflexió és sobre com es pot fer per, tot ensenyant els continguts factuals habituals (anatomia, fisiologia, etc.), ajudar els nens i nenes a transformar de mica en mica les maneres generals que tenen de concebre i raonar sobre els éssers vius. Una cosa semblant passaria en el cas de l'estructura de la matèria, tal com veurem a l'apartat següent.

El coneixement infantil sobre l'estructura de la matèria

Igual que per al cas dels éssers vius, en aquests moments disposem de molts estudis sobre les concepcions de l'alumnat d'edats diferents en relació amb els fenòmens relacionats amb l'estructura de la matèria i el comportament que presenta (Driver, Guesne i Tiberhien, 1989; Driver i altres, 1999, Viennot, 2002), encara que, majoritàriament, la recerca s'ha centrat en l'ensenyament secundari.

Tota aquesta literatura sobre concepcions alternatives, juntament amb la recerca feta sobre el raonament infantil, és la que ha utilitzat Vicente Talanquer (2009) per elaborar una proposta de progressió en l'aprenentatge de l'estructura de la matèria. Partim d'aquesta referència per elaborar el text que segueix. La proposta de Talanquer es mostra al quadre 28.

L'objectiu del treball de Talanquer és caracteritzar les assumpcions implícites que restringeixen les idees i les maneres de raonar de l'alumnat sobre l'estructura de la matèria en diferents moments del procés d'aprenentatge. Això li ha de permetre explicar i predir el pensament dels infants i les concepcions alternatives que tenen, i així contribuir a desenvolupar una progressió d'aprenentatge sobre aquest tema.

Tal com es mostra a l'esquema del quadre 28, el coneixement inicial dels nens i nenes sobre l'estructura de la matèria es pot caracteritzar a partir de com pensen sobre la categorització, l'estructura, les propietats, la dinàmica i les interaccions en la matèria. Vegem-ne cada cas.

Quadre 28. Caracterització del pensament de l'alumnat sobre l'estructura de la matèria (Talanquer, 2009, lleugerament modificat)

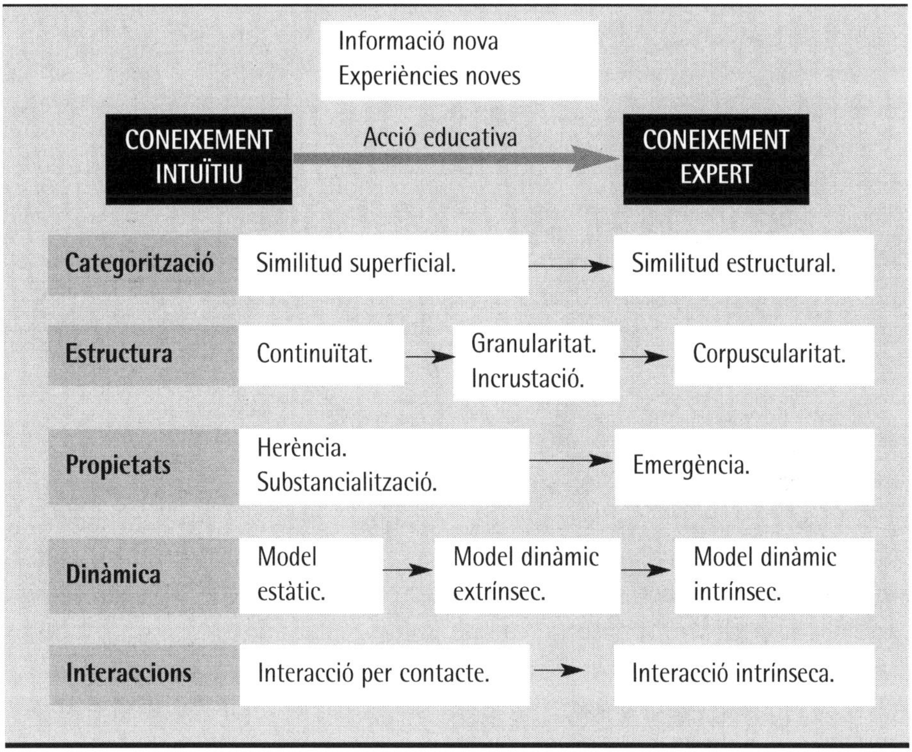

En relació amb el procés de categorització, sembla que les idees de l'alumnat sobre l'estructura de la matèria i el seu comportament estan molt condicionades per llur aparença física, per llur similitud externa (similitud superficial). Per tant, sembla que s'assumeix l'existència d'un lligam directe entre les propietats superficials i les propietats internes. Aquesta manera de raonar explica per què els nens i nenes tenen models similars per a substàncies distintes que presenten el mateix aspecte (per exemple: líquids diferents) i models diferents per a substàncies que externament mostren diferències (per exemple: sòlids en pols o granulats en relació amb uns altres tipus de sòlids). Aquesta categorització inicial basada en la similitud externa s'hauria de fer evolucionar cap a la comprensió que, independentment de les diferències en l'aparença i el comportament, totes les substàncies comparteixen similituds estructurals al nivell de les partícules que les conformen, i existeixen mecanismes causals comuns que determinen llurs propietats i comportaments (similitud estructural).

Un altre element característic del raonament infantil sobre la matèria fa referència a l'estructura. Els nens i nenes parteixen d'un model continu de la matèria (continuïtat). A mesura que reben informació sobre l'existència de partícules microscòpiques, es passa a un model de granularitat en què l'alumnat pensa que la matèria és feta de peces petites de la pròpia substància o bé pensen que és una massa contínua que té partícules, que no són de la pròpia matèria, incrustades a dins (granularitat i incrustació) com en un pastís de panses. Aquesta idea inicial ha d'evolucionar cap a la comprensió que tota matèria està formada per partícules d'una mateixa forma i mida que no es poden dividir en peces més petites del mateix tipus (corpuscularitat). En aquest cas, les partícules ja no es conceben com a parts molt petites de la mateixa substància, ni com a parts microscòpiques, totes iguals entre elles, sinó que s'entén la substància com a feta de partícules (àtoms, molècules) d'un tipus determinat.

En relació amb les propietats de les substàncies, l'assumpció principal implícita en els models infantils és que les partícules que conformen la substància tenen les mateixes propietats que una mostra macroscòpica de la substància (herència). Això els porta a transferir moltes de les propietats macroscòpiques (color, olor, gust, textura, capacitat de dilatar-se, etc.) al nivell microscòpic. Aquesta herència de les propietats no va sempre lligada a la idea de granularitat que s'ha exposat abans. Una altra assumpció inicial és la substancialització, que, en aquest cas, es refereix al fet de pensar que són les substàncies les portadores de les propietats (color, olor, fluïdesa, etc.). Això els fa sospitar, per exemple, que «els líquids porten aigua». Aquest model inicial hauria d'evolucionar cap una comprensió de les propietats com un procés emergent (emergència) fruit del tipus de partícules, les interaccions i les condicions en què es troba una substància determinada.

Un quart aspecte del model inicial dels nens i nenes sobre l'estructura de la matèria és en relació amb la seva dinàmica. En aquest sentit, la majoria d'infants imaginen les partícules com a estàtiques, fixes en l'espai (model estàtic). A vegades assumeixen que les partícules es mouen, però només quan algun agent extern n'ha provocat el moviment (model dinàmic extrínsec). Els estudis també mostren que a les criatures els és més fàcil assumir el moviment de les partícules en els materials fluids (líquids i gasos) que no pas en els sòlids, i més en certes condicions (temperatures altes), que no pas en unes altres. En aquest darrer cas, semblaria que s'assumeix que el moviment és causat per la calor. Aquests models haurien d'evolucionar cap al fet de pensar que les partícules es mouen contínuament (en un sòlid vibren sobre la seva posició) i per elles mateixes (model dinàmic intrínsec).

Finalment, els estudis també han mostrat que els nens i nenes fan algunes assumpcions sobre les interaccions entre les substàncies. Així, sembla que, inicialment, només consideren que es pot produir una interacció quan dos objectes es troben en el temps i l'espai (interacció per contacte). Sembla, doncs, que hi ha moltes dificultats a acceptar el model expert segons el qual existeixen forces intrínseques entre les partícules que només depenen de llur distància (interacció intrínseca).

Les aportacions de Talanquer (com també la proposta que hem fet per al cas dels éssers vius) identifiquen els aspectes de les teories inicials i intuïtives dels nois i noies (sobre els éssers vius i sobre l'estructura de la matèria) que la recerca ha posat de manifest i ha assenyalat com a més significatives per entendre bona part dels raonaments que l'alumnat fa en aquests àmbits, com també per explicar moltes de les seves concepcions alternatives. És una línia de treball útil, perquè s'esforça a fer una síntesi de molts resultats provinents dels estudis sobre concepcions alternatives dels alumnes i les alumnes que fins ara estaven poc o molt aïllats. Al nostre entendre, la utilitat d'aquests treballs es posarà de manifest quan els dissenyadors curriculars els integrin d'una manera coherent a les seves propostes curriculars, ja es tracti dels currículums oficials, dels projectes curriculars d'un centre escolar o dels projectes curriculars de les editorials de llibres de text.

Cal buscar la manera d'integrar tota la nova recerca sobre l'aprenentatge de les ciències als projectes d'escola, a les aules i als materials curriculars. Això és el que sempre s'ha fet, com vèiem al capítol 1, i el que sempre caldrà fer. Ara, però, és urgent disposar de materials innovadors i de programes de formació inicial i permanent que acostin aquesta recerca (i les seves implicacions docents) a tot el professorat, perquè creiem que això ajudarà a millorar els resultats d'aprenentatge dels nens i nenes. Esperem que aquest llibre hagi servit per incitar els lectors a aprofundir en la nova informació que deriva de la recerca en psicologia i en didàctica de les ciències, a identificar què és el que ja s'està fent molt bé i a reflexionar sobre què caldrà modificar a partir d'ara.

> En aquest capítol, hi hem resumit les aportacions que, des de la didàctica de les ciències i des de la psicologia cognitiva, s'han fet al llarg dels darrers anys a la comprensió del coneixement intuïtiu dels nens i nenes sobre els éssers vius i sobre l'estructura de la matèria. En aquesta darrera qüestió, s'ha aprofitat la proposta que fa Talanquer (2009). Per al cas dels éssers vius, hem presentat, partint dels estudis disponibles, la nostra pròpia proposta, atesa la manca de treballs de síntesi en aquest àmbit.

Referències bibliogràfiques

ACHER, A.; ARCÀ, M.; SANMARTÍ, N. (2007): «Modeling as a teaching learning process for understanding materials: A case study in primary education». *Science Education*, núm. 91, p. 398-418.

ADEY, P. (2001): «160 years of science education: An uncertain link between theory and practice». *School Science Review*, vol. 82(300), p. 41-48.

ALABART, L. (1926): *Preparación y desarrollo de lecciones de cosas. comprende seis series: Objetos usuales, animales, vegetales, minerales, productos industriales y experimentos.* Barcelona. Ruiz Romero Ediciones.

APPLETON, K. (2002): «Science activities that work: Perceptions of primary school teachers». *Research in Science Education*, núm. 32, p. 393-410.

ARCÀ, M.; GUIDONI, P.; MAZZOLI, P. (1990): *Enseñar ciencia: cómo empezar: Reflexiones para una educación científica de base.* Barcelona. Paidós.

ATRAN, S. (1995): «Causal constraints on categories», a SPERBER, D.; PREMACK, D.; PREMACK, A.J. (eds.): *Causal cognition: A multi-disciplinary debate.* Oxford. Clarendon Press, p. 205-233.

BARBERÀ, O. (2004): «¿Por qué hay que incluir ciencias en la educación primaria?: Una respuesta desde la historia en tiempos de reformas escolares», a BANET, E. (ed.): *Perspectivas para las ciencias en la educación primaria.* Madrid. Ministerio de Educación, p. 61-102.

BARDAPURKAR, A. (2008): «Do students see the "selection" in organic evolution?: A critical review of the causal structure of student explanations». *Evolution: Education and Outreach*, núm. 1, p. 229-305.

BARGALLÓ, M. (1920): *La vida de las plantas: Experiencias sencillas para la escuela primaria.* Reus. Sardà.

— (1934): *Prácticas de física para la escuela primaria.* Reus. Sardà.

BERNAL, J.M. (2001): *Renovación pedagógica y enseñanza de las ciencias: Medio siglo de propuestas y experiencias escolares (1882-1936).* Madrid. Biblioteca Nueva.

BERNAL, J.M.; COMAS, F. (2001): *Escritos sobre ciencia, género y educación.* Madrid. Biblioteca Nueva.

BOTSFORD COMSTOCK, A. (1911): *Handbook of nature study.* Ithaca. Comstock Publishing Associates.

BOYER, M. (2006): *Le goût des sciences.* París. INRP.

BREWER, W.F. (2008): «In what sense can the child be considered to be a "little scientist"?», a DUSCHL, R.A.; GRANDY, R.A. (eds.): *Teaching scientific inquiry. Recommendations for research and implementation.* Rotterdam. Sense Publishers, p. 38-49.

CAREY, S. (1985): *Conceptual change in childhood.* Cambridge. MIT Press.

— (2000): «Science education as conceptual change». *Journal of Applied Developmental Psychology*, vol. 21(1), p. 13-19.

CARRETERO, M.; ASENSIO, M. (2008): *Psicología del pensamiento.* 2a ed. Madrid. Alianza Editorial.

CHARPAK, G.; LÉNA, P.; QUÉRÉ, Y. (2006): *Los niños y la ciencia: La aventura de la mano en la masa.* Buenos Aires. Siglo XXI.

CHI, M.T.H. (2008): «Three types of conceptual change: Belief revision, mental model transformation and categorical shift», a VOSNIADOU, S. (ed.): *International handbook of research on conceptual change.* Nova York. Routledge, p. 61-82.

CHINN, C.A.; BREWER, W.F. (1998): «An empirical test of a taxonomy of responses to anomalous data in science». *Journal of Research in Science Teaching*, vol. 35(6), p. 623-654.

CHINN, C.A.; MALHOTRA, B.A. (2002): «Children's responses to anomalous scientific data: How is conceptual change impeded?». *Journal of Educational Psychology*, vol. 94(2), p. 327-343.

COMAS, M. (1931): *El método de proyectos en las escuelas urbanas.* Madrid. Publicaciones de la Revista de Pedagogía.

— (1937): *Contribución a la metodología de las ciencias naturales.* Girona. Dalmau Carles Editores.

COSCE (2011): *Informe ENCIENDE: Enseñanza de las ciencias en la didáctica escolar para edades tempranas en España.* Madrid. Confederación de Sociedades Científicas de España.

DAVIS, E.A.; KRAJCIK, J.S. (2005): «Designing educative curriculum materials to promote teacher learning». *Educational Researcher*, vol. 34(3), p. 3-14.

DAWKINS, M.S. (2007): *Observing animal behaviour: Design and analysis of quantitative data.* Oxford. Oxford University Press.

DEBOER, G. (1991): *A history of ideas in science education: Implications for practice.* Nova York. Teachers College Press.

«Decret 142/2007, de 26 de juny, pel qual s'estableix l'ordenació dels ensenyaments de l'educació primària». *Diari Oficial de la Generalitat de Catalunya*, núm. 4915, 29 de juny de 2007.

DEL-CLARO, K. (2010): *Introducción a la ecología comportamental: Un manual para el estudio del comportamiento animal.* València. Tundra.

DEWEY, J. (2007): *Cómo pensamos: La relación entre pensamiento reflexivo y proceso educativo.* Barcelona. Paidós.

DISESSA, A.A. (2008): «A bird's eye view of the "pieces" vs. "coherence" controversy (from the "pieces" side of the fence)», a VOSNIADOU, S. (ed.): *International handbook of research on conceptual change.* Nova York. Routledge, p. 35-60.

DRIVER, R.; GUESNE, E.; TIBERGHIEN, A. (1989): *Ideas científicas en la infancia y la adolescencia.* Madrid. Morata.

DRIVER, R. i altres (1999): *Dando sentido a la ciencia en secundaria: Investigaciones sobre las ideas de los niños.* Madrid. Visor.

DUNCAN, R.G.; HMELO-SILVER, C.E. (2009): «Learning progressions: Aligning curriculum, instruction, and assessment». *Journal of Research in Science Teaching,* vol. 46(6), p. 606-609.

DUSCHL, R.A. (1997): *Renovar la enseñanza de las ciencias: Importancia de las teorías y su desarrollo.* Madrid. Narcea.

ESCOLANO, A. (1997): *Historia ilustrada del libro escolar en España.* Madrid. Fundación Germán Sánchez Ruipérez.

FARADAY, M. (2004): *La historia química de una vela.* Madrid. Nivola.

FLICK, L.B.; LEDERMAN, N.G. (2006): *Scientific inquiry and nature of science: Implications for teaching, learning and teacher education.* Dordrecht. Springer.

FREINET, C. (1977): *L'ensenyament de les ciències.* Barcelona. Laia.

FREIRE, H. (2011): *Educar en verd: Idees per apropar els nens i les nenes a la natura.* Barcelona. Graó.

FULWILER, B.R. (2007): *Writing in science: How to scaffold instruction to support learning.* Portsmouth. Heinemann.

GARCÍA, J.E. (1998): *Hacia una teoría alternativa sobre los contenidos escolares.* Sevilla. Díada.

GARCIA-MILÀ, M.; ANDERSEN, C. (2007): «Developmental change in notetaking during scientific inquiry». *International Journal of Science Education,* vol. 29(8), p. 1035-1058.

GARCIA-MILÀ, M.; ANDERSEN, C.; ROJO, N.E. (2011): «Elementary students' laboratory record keeping during scientific inquiry». *International Journal of Science Education,* vol. 33(7), p. 915-942.

GELMAN, S.A. (2003): *The essential child: Origins of essentialism in everyday thought.* Oxford. Oxford University Press.

GESS-NEWSOME, J.; LEDERMAN, N.G. (1999): *Examining pedagogical content knowledge: The construct and its implications for science education.* Dordrecht. Kluwer Academic Publishers.
GIERE, R. (1988): *Explaining science: a cognitive approach.* Chicago. University of Chicago Press.
— (1999): «Un nuevo marco para enseñar el razonamiento científico». *Enseñanza de las Ciencias*, número extra, p. 63-70.
GÓMEZ GALINDO, A.; SANMARTÍ, N.; PUJOL, R.M. (2007): «Fundamentación teórica y diseño de una unidad didáctica para la enseñanza del modelo ser vivo en la escuela». *Enseñanza de las Ciencias*, vol. 25(3), p. 325-340.
GONZÁLEZ GALLI, L.M.; MEINARDI, E.N. (2011): «The role of teleological thinking in learning the Darwinian model of evolution». *Evolution: Education and Outreach*, vol. 4(1), p. 145-152.
GOPNIK, A. (2009): *El filósofo entre pañales.* Madrid. Temas de hoy.
GOULD, S.J. (1999): *La montaña de almejas de Leonardo: Ensayos de historia natural.* Madrid. Crítica.
HARLEN, W. (1998): *Enseñanza y aprendizaje de las ciencias.* Madrid. Morata/MEC.
HARLEN, W.; ELSTGEEST, J.; JELLY, S. (2001): *Primary science. Taking the plunge.* 2a ed. Portsmouth. Heinemann.
HIRSCHFELD, L.A.; GELMAN, S.A. (2002): *Cartografía de la mente: La especificidad de dominio en la cognición y en la cultura.* Barcelona. Gedisa.
HUXLEY, T.H. (1968): *Collected essays.* Nova York. Greenwood Press, 1869.
INAGAKI, K. (1992): «Piagetian and post-piagetian conceptions of development and their implications for science education in early childhood». *Early Childhood Research Quarterly*, núm. 7, p. 115-133.
INAGAKI, K.; HATANO, G. (2002): *Young children's naïve thinking about the biological world.* Londres. Taylor & Francis.
— (2004): «Vitalistic causality in young children's naive biology». *Trends in Cognitive Sciences*, vol. 8(8), p. 355-362.
IZQUIERDO, M. (1994): «La V de Gowin, un instrumento para aprender a aprender (y a pensar)». *Alambique. Didáctica de las Ciencias Experimentales*, núm. 114, p. 124.
— (2005): «Hacia una teoría de los contenidos escolares». *Enseñanza de las Ciencias*, vol. 23(1), p. 111-122.
IZQUIERDO, M.; ALIBERAS, J. (2004): *Pensar, actuar i parlar a la classe de ciències: Per un ensenyament de les ciències racional i raonable.* Bellaterra. Universitat Autònoma de Barcelona.

IZQUIERDO, M.; ESPINET, M.; GARCÍA, M.P.; PUJOL, R.M.; SANMARTÍ, N. (1999*a*): «Caracterización y fundamentación de la ciencia escolar». *Enseñanza de las Ciencias*, número extra, p. 79-91.
IZQUIERDO, M.; SANMARTÍ, N.; ESPINET, M. (1999*b*): «Fundamentación y diseño de las prácticas escolares de ciencias experimentales». *Enseñanza de las Ciencias*, vol. 17(1), p. 45-59.
JURADO, C.; SEGALÉS, D.; MARTÍ, J. (2001): «Una xarxa de relacions al bosc: Una proposta per treballar l'organització dels ecosistemes a cicle superior de primària». *Perspectiva Escolar*, núm. 257, p. 16-23.
KAMII, C.; DEVRIES, R. (1989): *El conocimiento físico en la educación preescolar: Implicaciones de la teoría de Piaget*. Madrid. Siglo XXI.
KANARI, Z.; MILLAR, R. (2004): «Reasoning from data: How students collect and interpret data in science investigations». *Journal of Research in Science Teaching*, núm. 41, p. 748-769.
KARMILOFF-SMITH, A. (1994): *Más allá de la modularidad: La ciencia cognitiva desde la perspectiva del desarrollo*. Madrid. Alianza Editorial.
KARMILOFF-SMITH, A.; INHELDER, B. (1981): «Si quieres avanzar, hazte con una teoría». *Infancia y aprendizaje*, núm. 13. p. 65-88.
KEIL, F.C. (2002): «El nacimiento y enriquecimiento de conceptos por dominios: El origen de los conceptos de seres vivientes», a HIRSCHFELD, L.A.; GELMAN S.A. (eds.): *Cartografía de la mente: La especificidad de dominio en la cognición y en la cultura*. Barcelona. Gedisa.
KELEMEN, D. (1999): «The scope of teleological thinking in preschool children». *Cognition*, núm. 70, p. 241-272.
KLAHR, D.; LI, J. (2005): «Cognitive research and elementary science instruction: From de laboratory, to the classroom, and back». *Journal of Science Education and Technology*, vol. 14(2), p. 217-238.
KLENTSCHY, M.P. (2008): *Using science notebooks in elementary classrooms*. Arlington. NSTA Press.
KOSLOWSKI, B. (1996): *Theory and evidence: The development of scientific reasoning*. Cambridge. MIT Press.
KUHN, D.; AMSEL, E.; O'LOUGHLIN, M. (1988): *The development of scientific thinking skills*. San Diego. Academic Press.
LAYTON, D. (1973): *Science for the people: The origins of the school science curriculum in England*. Londres. Allen & Unwin.
LEDERMAN, N. G. (2007): «Nature of science. Past, present and future», a ABELL, S.K.; LEDERMAN, N.G. (eds.): *Handbook of research on science education*. Mahwah New Jersey. Lawrence Erlbaum, p. 831-880.

LEHRER, R.; SCHAUBLE, L. (2004): «Modeling natural variation through distribution». *American Educational Research Journal*, vol. 41(3), p. 635-679.
— (2006): *Investigando los datos reales en la escuela: Ampliar la comprensión infantil de las matemáticas y de las ciencias.* Morón. Publicaciones MCEP.
LEHRER, R.; SCHAUBLE, L.; LUCAS, D. (2008): «Supporting development of the epistemology on inquiry». *Cognitive Development*, núm. 23, p. 512-529.
MÁRQUEZ, C.; ROCA, M.; GÓMEZ, A.; SARDÀ, A.; PUJOL, R.M. (2004): «La construcción de modelos explicativos complejos mediante preguntas mediadoras». *Investigación en la Escuela*, núm. 53, p. 71-80.
MÁRQUEZ, C.; ROCA, M.; VIA, A. (2003): «Plantejar bones preguntes: El punt de partida per mirar, veure i explicar amb sentit», a SANMARTÍ, N. (ed.): *Aprendre ciències tot aprenent a escriure ciència.* Barcelona. Edicions 62, p. 29-58.
MÁRQUEZ, C.; SOLSONA, N. (1993): «La V heurística: Instrument metodològic d'aplicació en el treball experimental». *Guix. Elements d'Acció Educativa*, núm. 185, p. 35-39.
MARTÍ, J. (2004): «La ciència feta pels infants». *Papers d'Educació: Revista digital de la Universitat de Vic* [en línia]. <http://papers.uvic.cat/numero-0-juliol-2004/>.
— (2006): «Secuencias de preguntas para pensar e investigar sobre la nutrición y la reproducción de los animales», a TOMAS, C.; CASAS, M. (ed.): *Educación primaria: Orientaciones y recursos (6-12 años).* Barcelona. CissPraxis, p. 243-253.
— (2010*a*): *Representacions de nens i nenes de Primària sobre l'interior de la Terra: composició i disposició.* Document inèdit.
— (2010*b*): «Presencia de actividad científica en la planificación de secuencias de actividades de maestros de Educación Primaria en formación inicial». Comunicació presentada al *I Congreso Internacional Reinventar la Profesión Docente.* Universidad de Málaga.
MARTINS, I. (2002): «Aprender a llevar a cabo una investigación en los primeros años de escolaridad». *Aula de Innovación Educativa*, núm. 113, p. 14-17.
MARTINS, I. i altres (2006): *Explorando materiais... Dissoluçao em líquidos. Guiao didáctico para professores.* Lisboa. Ministério da Educaçao.
MAYO, E.; MAYO, C. (1851): *Lessons on objects, as given to children between the ages of six and eight, in a pestalozzian school,* at Cheam, Sur-

rey [en línia]. <www.archive.org/details/lessonsonobjects01mayo>, web de la Biblioteca del Congrés dels Estats Units.
MAYR, E. (1998): *Así es la biología.* Madrid. Debate.
— (2006): *Por qué es única la biología: Consideraciones sobre la autonomía de una disciplina científica.* Buenos Aires. Katz.
MEDIN, D.L.; ATRAN, S. (1999): *Folkbiology.* Cambridge. MIT Press.
MEDIN, D.L.; WAXMAN, S.; WOODRING, J.; WASHINAWATOK, K. (2010): «Human-centeredness is not a universal feature of young children's reasoning: Culture and experience matter when reasoning about biological entities». *Cognitive Development,* núm. 25, p. 197-207.
METZ, K.E. (1995): «Reassessment of developmental constraints on children's science instruction». *Review of Educational Research,* vol. 65(2), p. 93-127.
— (2000): «Young children's inquiry in biology: Building the knowledge bases to empower independent inquiry», a MINSTRELL, J.; VAN ZEE, E.H. (eds.): *Inquiring into inquiry learning and teaching in science.* Washington D.C., AAAS, p. 371-404.
— (2004): «Children' understanding of scientific inquiry: Their conceptualization of uncertainty in investigations of their own design». *Cognition and Instruction,* vol. 22(2), p. 219-290.
MILLAR, R.; DRIVER, R. (1987): «Beyond processes». *Studies in Science Education,* núm. 14, p. 33-62.
MORIN, E. (2000): *Els set coneixements necessaris per a l'educació del futur.* Barcelona. Centre UNESCO de Catalunya.
NATIONAL RESEARCH COUNCIL (2000): *Inquiry and the national standards in science education standards.* Washington DC. National Academies Press.
— (2007): *Taking science to school: Learning and teaching science in grades K-8.* Washington, DC. National Academies Press.
— (2011): *A framework fort K-12 science education: Practices, crosscutting concepts, and core ideas.* Washington DC. National Academies Press.
NOVAK, J.D.; GOWIN, D.B. (1988): *Aprendiendo a aprender.* Barcelona. Martínez Roca.
OGBORN, J.; KRESS, G.; MARTINS, I.; MCGILLICUDDY, K. (1998): *Formas de explicar: La enseñanza de las ciencias en secundaria.* Madrid. Santillana.
OPFER, J.E.; SIEGLER, R.S. (2004): «Revisiting preschoolers' living things concept: A microgenetic analysis of conceptual change in basic biology». *Cognitive Psychology,* núm. 49, p. 301-332.
OSBORNE, R.; FREYBERG, P. (1995): *El aprendizaje de las ciencias: Implicaciones de las «ideas previas» de los alumnos.* 2a ed. Madrid. Narcea.

OSBORNE, J.; SIMON, S. (1996): «Primary science: Past and future direction». *Studies in Science Education*, núm. 26, p. 99-147.
PENNER, D.E.; KLAHR, D. (1996): «When to trust the data: Furthest investigations of system error in a scientific reasoning task». *Memory & Cognition*, vol. 24(5), p. 655-668.
PESTALOZZI, J.H. (1986): *Com Gertrudis educa els fills*. Vic. Eumo.
PIAGET, J. (1985): *Escrits per a educadors*. Vic. Eumo.
PORLÁN, R. (1994): «Las concepciones epistemológicas de los profesores: El caso de los estudiantes de magisterio». *Investigación en la Escuela,* núm. 22, p. 67-84.
POZO, J.I. (2001): *Humana mente: El mundo, la conciencia y la carne*. Madrid. Morata.
POZO, J.I. i altres (2006): *Nuevas formas de pensar la enseñanza y el aprendizaje: Las concepciones de profesores y alumnos*. Barcelona. Graó.
POZO, J.I.; FLORES, F. (coord.): (2007): *Cambio conceptual y representacional en el aprendizaje y la enseñanza de la ciencia*. Madrid. Machado Libros.
PUJOL, R.M. (2003): *Didáctica de las ciencias en la educación primaria*. Madrid. Síntesis.
RAMIRO, E. (2010): *La maleta de la ciència: 60 experiments d'aire i aigua i centenars de recursos per a tothom*. Barcelona. Graó.
«Real Decreto 1513/2006, de 7 de diciembre, por el que se establecen las enseñanzas mínimas de la educación primaria». *Boletín Oficial del Estado,* núm. 293, 8 de desembre de 2006.
ROCARD, M. (2007): *Science education now: A renewed pedagogy for the future of Europe*. Brussel·les. European Comission. Directorate General for Research, Science, Economy and Society.
RODRIGO, M.J.; RODRÍGUEZ, A.; MARRERO, J. (1993): *Las teorías implícitas: Una aproximación al conocimiento cotidiano*. Madrid. Visor.
SÁINZ, F. (1933): *El método de proyectos*. Madrid. Publicaciones de la Revista de Pedagogía.
SARDÀ, A.; MÁRQUEZ, C. (2008): «El uso de maquetas en el proceso de enseñanza-aprendizaje del sistema nervioso». *Alambique. Didáctica de las Ciencias Experimentales*, núm. 58, p. 67-77.
SCHWARZ, C.V.; REISER, B.J.; DAVIS, E.A.; KENYON, L.; ACHER, A.; FORTUS, D.; SHWARTZ, Y.; HUG, B.; KRAJCIK, J. (2009): «Developing a learning progression for scientific modeling: making scientific modeling accessible and meaningful to learners». *Journal of Research in Science Teaching,* vol. 46(6), p. 632-654.

SEGALÉS, D.; FONTARNAU, D.; JIMÉNEZ, I.; MARTÍ, J.; RIERA, S. (2011): «La llibreta de ciencias». *Cuadernos de Pedagogía*, núm. 409, p. 31-34.
SENSAT, R. (1923): *Les ciències en la vida de la llar.* Barcelona. Associació Protectora de l'Ensenyança Catalana.
— (1996): *Vers l'escola nova.* Vic. Eumo.
SHELDON, E.A. (1862): *A manual of elementary instruction, containing a graduate course of object lessons for training the senses and developing the faculties of children* [en línia]. <www.archive.org/details/manualofelementa00shel>, web de la Biblioteca del Congrés dels Estats Units.
SINATRA, G.M.; PINTRICH, P.R. (2003): *Intentional conceptual change.* Mahwah. Lawrence Erlbaum.
SMITH, C.L.; MACLIN, D.; HOUGHTON, C.; HENNESSEY, M.G. (2000): «Sixth-grade students' epistemologies of science: The impact of school science experiences on epistemological development». *Cognition and Instruction*, vol. 18(3), p. 349-422.
SPENCER, H. (1989): *L'educació intel·lectual, moral i física.* Vic. Eumo.
STRAUSS, S.; SHILONY, T. (2002): «Los modelos de los docentes acerca de la mente infantil y el aprendizaje», a HIRSCHFELD, L.A.; GELMAN, S.A. (eds.): *Cartografía de la mente: La especificidad de dominio en la cognición y en la cultura.* Vol. I. Barcelona. Gedisa.
TALANQUER, V. (2009): «On cognitive constraints and learning progressions: The case of "structure of matter"». *International Journal of Science Education*, vol. 31(15), p. 2123-2136.
THAGARD, P. (2008): «La mente: Introducción a las ciencias cognitivas». Buenos Aires. Katz.
TOTH, E.; KLAHR, D.; CHEN, Z. (2000): «Bridging research and practice: A cognitively based classroom intervention for teaching experimentation skills to elementary school children». *Cognition and Instruction*, vol. 18(4), p. 423-459.
VALLS, V. (1932): *Metodología de las ciencias físicas.* Madrid. Publicaciones de la Revista de Pedagogía.
VIENNOT, L. (2002): *Razonar en física: La contribución del sentido común.* Madrid. Machado Libros.
VOSNIADOU, S. (1994): «Capturing and modeling the process of conceptual change». *Learning and Instruction*, núm. 4, p. 45-69.
— (2008): *International handbook of research in conceptual change.* Londres. Routledge.

VOSNIADOU, S.; BREWER, W.F. (1992): «Mental models of the earth: A study of conceptual change in childhood». *Cognitive Psychology*, núm. 24, p. 535-585.

— (1994): «Mental models of the day/night cycle». *Cognitive Science*, núm. 18, p. 123-183.

VOSNIADOU, S.; VAMVAKOUSSI, X.; SKOPELITI, I. (2008): «The framework theory approach to the problem of conceptual change», a VOSNIADOU, S. (ed.): *International handbook of research on conceptual change*. Nova York. Routledge, p. 3-34.

WAGENSBERG, J. (2006): *A más cómo, menos por qué*. Barcelona. Tusquets.

— (2007): *El gozo intelectual: Teoría y práctica sobre la inteligibilidad y la belleza*. Barcelona. Tusquets.

WELLMAN, H.M.; GELMAN, S.A. (1998): «Knowledge acquisition in foundational domains», a WELLMAN, H.M.; GELMAN, S.A.; DAMON, W. (eds.): *Handbook of child psychology. Volumen 2: Cognition, perception, and language*. Hoboken. John Wiley & Sons Inc., p. 5213-573.

WILLINGHAM, D.T. (2011): *¿Per què als nens no els agrada anar a l'escola?* Barcelona. Graó.

WINDSCHITL, M. (2008): «Our challenge in disrupting popular folk theories of "doing science"», a DUSCHL, R.A.; GRANDY, R.A.: *Teaching scientific inquiry: Recommendations for research and implementation*. Rotterdam. Sense Publishers.

ZIMMERMAN, C. (2007): «The development of scientific thinking skills in elementary and middle school». *Developmental Review*, núm. 27, p. 172-223.

ZOHAR, A.; GINOSSAR, S. (1998): «Lifting the taboo regarding teleology and anthropomorfism in biology education. Heretical suggestions». *Science Education*, núm. 82, p. 679-697.

Printed in Dunstable, United Kingdom

91222501R00087